다시, 포르투갈

M.MONIZ 28
581

다시, 포르투갈

글 사진 김창열

RHK
알에이치코리아

프롤로그
포르투갈, 21세기를 간직한 20세기

일기를 펼쳐본 기분이었다. 21세기를 간직한 20세기의 일기를.

여행지에서는 누구나 객체가 된다. 삶의 중심에서 한 발 벗어난다. 이방인의 시야에 타지의 이야기가 덧씌워진다. 모든 행동은 이방의 가치관을 경유해 해석되고, 낯선 문명은 전통에서 기원을 찾는다. 오래된 목소리에 귀 기울인다. 사소한 차이점을 신기해하는 동시에 작은 접점에도 위안을 얻는다. 그런 점에서 낯선 도시를 여행하는 것은 타인의 일기를 뒤적이는 일과 비슷하다. 그것도 꽤나 오랜 기간 정성 들여 쓴 일기를.

포르투갈은 고집스러운 노인의 오래된 일기장 같았다. 21세기가 되었지만 20세기의 일기장을 버리지 않고 그 여백에 21세기를 빼곡히 적어 넣는 노인의 일기장. 여행 내내 묘한 미시감(未視感)이 느껴진다. 창문 너머 빨래 너는 아주머니에게서도, 맥도날드와 스타벅스가 들어선 골목에서도 미세한 시간의 균열이 느껴진다. 이는 아마도 포르투갈 사람들의 전통 사랑 때문이리라. 세계 그 어느 나라가 전통에 무심하겠느냐고 반문하겠지만 포르투갈의 전통 사랑은 유별나다. 아니, 유별을 넘어 지독에 가깝다. 지붕

보수 공사를 할 때 새 기와를 얹지 않고 기어이 이끼 핀 낡은 기와를 쇠 솔로 하나하나 닦아내는 사람들이니 더 말해 무얼 하겠는가. 이런 지독한 사랑 덕분에 제아무리 작은 마을이라도 나름의 이야기가 있고 전통이 있다. 그 속에 최소한의 변화만을 주며 살아가는 사람들이 있다.

절벽 아래 자리 잡은 어촌 나자레, 하얀 벽에 원색 페인트로 포인트를 준 오비두스, 화강암 산에 자리 잡은 요새 몬산투 등 마을마다 독특한 매력이 자라난다. 오랜 이야기가 자리한다. 이들은 전통에 대한 자부심을 숨기지 않는다. 여행객에게 보고 가라 손짓한다. 낯선 이방인을 대할 때도 귀객 맞듯 정성을 다한다. 거기에 애잔한 파두 가락과 '유럽의 끝'이라는 말이 주는 묘한 변방감이 더해진다. 포르투갈 사람들은 수십 년간 변하지 않은, 다시 수십 년이 흘러도 변하지 않을 것만 같은 삶을 산다. 그들의 일상이 특별함으로 다가온다. 언젠가 포르투갈을 만나게 될 잠재적 여행자들, 혹은 다시 포르투갈을 만나러 가는 이들에게 소소한 특별함을 전하고 싶다.

지진의 흔적을 간직한 바이샤 Baixa

비행기를 타는 일은 '이동한다'보다 '옮겨진다'는 말이 더 어울린다. 겨우 고개를 까딱하거나 손가락을 움찔거릴 수 있는 공간에 앉아 철 지난 영화를 뒤적거린다. 창밖으로 끝없는 구름과 현실감 없는 땅이 펼쳐진다. 규칙적으로 웅웅 소리를 내는 기계음 사이에서 감각이 퇴화한다. 적당한 시점에 음료가 나오고 기내식이 준비된다. 좁은 쟁반에서 식사하기 위해선 적절한 공간 분배가 핵심이다. 공간 분배에 따라 적은 양의 음식도 코스 요리로 탈바꿈한다. 과욕을 부리지 않고, 거기에 약간의 인내심만 보태진다면 화장실을 가지 않고도 무사히 목적지까지 도착할 수 있을 만한 양이다. 우리가 자고 먹고 보는 사이 비행기는 목적지에 도착한다. 모든 일은 계획대로 이루어진다. 우리는 그렇게 옮겨진다.

비행기는 세 번 만에 착륙했다. 탕 탕 탕. 세 번의 충돌에는 세 번의 소음이 뒤따랐다. 충돌이 멀어진 감각들을 현실 속으로 불러들였다.

리스본에 도착했다. 인천국제공항을 이륙한 뒤 세 번의 비행이 있었고, 30시간이 넘는 시간이 흘렀다. 세 번째 포르투갈 여행이었고, 마침 시계도 오후 세 시 언저리를 향하고 있었다. 나름대로 삼박자가 맞는 출발이었다.

공항에서 구시가지로 가는 방법은 공항버스와 지하철 두 가지다. 값싸고 쾌적한 지하철도 좋지만, 공항버스를 타는 일에는 또 다른 매력이 기다린다. 공항을 출발한 버스는 현대적 빌딩들이 늘어선 넓은 대로를 지나 마르케스 데 폼발 광장Praça Marques de Pombal의 로터리로 향한다. 마르케스 데 폼발은 옛 포르투갈 왕국의 정치인이다. 1755년의 대지진으로 폐허가 된 리스본을 지금의 모습으로 복구하는 데 앞장섰다. 과거의 악몽을 밀어내고 새로운 삶의 터전을 만들었다. 리스본 사람들은 로터리 중앙에 청동상을 세워 그를 기렸다. 하얀 기단 위에서 오른손에는 책을 들고, 왼쪽으론 사자를 한 마리 끼고 섰다. 당당히 내민 가슴과 단호한 표정, 약간은 거만해 보이는 짝다리 그리고 동상 뒤로 넓게 펼쳐진 에두아르두 7세 공원을 보노라면 이들의 존경과 사랑이 느껴진다. 공원 언덕을 올라 남쪽을 바라보면 동상의 뒷모습과 바이샤 지방 그리고 테주 강Rio Tejo이 나란히 겹쳐 보인다. 바이샤와 조금 떨어진 언덕에서 폼발은 자신의 영광을 내려다본다. 마르케스 데 폼발 광장을 지난 버스는 리베르다드 대로Av. da Liberdade를 따라 바이샤를 향한다. 광장을 지나서부터 오래된 건물들이 하나 둘 보이다가 바이샤의 초입인 호시우 광장Praça do Rossio에 이르러서는 옛 건물 일색이다. 마르케스 데 폼발 광장을 지난 버스는 과거로 나아간다.

숙소에 짐을 내려놓고 서둘러 길을 나섰다. 리스본에 도착했다는 사실을 확인하고 싶었다. 어느 도시든 기억의 맥락과는 상관없이 떠오르는 풍경이 있다. 맥락이 없어 다른 기억들과는 동떨어지지만 그 단절로 인해 도시의 이름을 말하기도 전에 어스름히 떠오르는 풍경. 바라보노라면 마침내 이 도시에 이르렀음에 안도하게 되는, 이르렀음을 인정할 수밖에 없는 그런 장소. 카이로의 스핑크스, 파리의 에펠 탑, 도쿄의 도쿄 타워, 로마의 개선문과 콜로세움 그리고 서울 남산의 N서울타워 등.

리스본에도 그런 풍경이 있다. 숙소를 나와 바이샤를 지나 테주 강변으로 발길을 옮겼다. 바이샤는 리스본에서 보기 드문 평지다. 리스본은 일곱 개의 언덕 위에 자리 잡은 도시다. 언덕마다 크고 작은 길들이 얽혀 있다. 길을 따라 사람과 트램이 흐른다. 언덕을 휘감던 길이 그 사이에 끼인 바이샤로 흘러내리고, 내리막을 걷는 모든 여행자와 트램이 바이샤에 닿아 좁은 평지에 사람이 고인다.

바이샤의 곧은길을 따라 내려가다 보면 저 멀리 우뚝 솟은 개선문 사이로 청동 기마상 하나가 슬쩍 나타나는 듯싶다가 개선문을 통과하는 순간 광장이 시야 가득 펼쳐진다. 코메르시우 광장Praça do Comércio이다. 개선문 맞은편은 테주 강과 맞닿는다. 광장에 선 모든 이의 시야는 강으로 향한다. 광장은 강과 어우러져 실제보다 훨씬 넓어 보인다. 막힘 없이 탁 트인다. 3층 높이의 긴 회랑이 광장의 나머지 세 면을 감싼다. 테주 강과 어울린 시원한 경관 덕에 코메르시우 광장은 유럽에서도 가장 아름다운 광장으로 손꼽힌다.

테주 강은 강이라고 부르기 머뭇거려질 정도로 넓다. 2년 전 이곳에 처음 왔을 때, 강의 너비에 놀라 입을 벌리고 있는 내게 한 아저씨가 다가와 말을 걸었다.

"이게 바다라고 생각해, 강이라고 생각해?"

기시감이 드는 질문이다. 어떤 소설가도 이곳에서 나와 같은 질문을 듣지 않았던가? 지도에 분명 테주 '강'이라고 적혀 있기 때문에 눈앞에서 일렁이는 물결들이 강이라는 것쯤은 나도 알았다. 다만, 강이 이렇게 넓을 수 있다는 사실을 믿지 못할 뿐이었다. 지금껏 보아온 그 어떤 강도 이처럼 넓지는 않았다. 강이란 사실을 선뜻 인정할 수 없어 머뭇거리자 그는 푸하하 웃으며 이것은 강이라 말했다. 그는 누구나 테주 강을 처음 보면 나와 같은 반응을 보인다는 말을 남기고 사라졌다. 2년 만에 다시 마주한 테주 강은 여전히 나를 머뭇거리게 만든다.

스페인의 카스티야라만차Castilla–La Mancha 지방에서 발원한 타호 강은 포르투갈 국경을 넘으며 테주 강으로 이름을 바꾼다. 길이가 1000킬로미터에 이르는 긴 강이다. 폭이 좁은 골짜기를 빠르게 흘러오던 강은 리스본 북서쪽 20킬로미터 지점에 이르러 코끼리를 집어삼킨 보아뱀처럼 퍼진다. 퍼진 강은 느리게 흐른다. 여울이 작아 강이라기보다는 내륙 깊숙이 들어온 바다처럼 보인다. 두 개의 다리가 보아뱀의 배를 관통한다. 바스쿠다가마Vasco da Gama 다리가 정중앙을 관통하고, 4월 25일 다리Ponte 25 de Abril가 꼬리 쪽을 가로지른다. 바스쿠다가마 다리의 길이는 17.2킬로미터이다. 안개가 조금이라도 낀 날이면 다리의 시작점에서 건너편이 보이지 않는다.

유역이 너무 넓어져 나아가는 힘을 잃은 강은 밀물 때 깊이 들고 썰물 때 깊이 빠진다. 썰물 때 코메르시우 광장 쪽에 작은 모래밭이 드러나고 오리엔테Oriente 지구 상류부터는 넓은 갯벌이 나타난다. 썰물 때 아이들과 비둘기가 모래밭에서 노닐고 어부들은 갯고랑 사이로 배를 몰아 조개를 잡는다. 테주 강은, 두물머리에서 합쳐져 서울을 관통하고 서해에 닿는 한강의 모습, 특히 강둑에 시멘트를 바르고 유역을 직선화하기 전 한강의 모습과 흡사하다.

테주 강을 뒤로하고 돔 주제Dom José 1세 청동 기마상을 마주했을 때, 나는 폼발이 기획했던 도시의 모습을 역행해 코메르시우 광장에 왔음을 깨달았다. 광장에 우뚝 선 기마상과 중앙의 개선문, 그리고 뒤쪽의 강과 선착장. 그는 배를 타던 시대의 사람이었고 그의 도시는 배를 타고 내리는 방문객을 위해 설계되었다. 그가 계획한 리스본의 본모습을 보고 싶다면 코메르시우 광장으로 올 것이 아니라 코메르시우 광장에서 출발해야 한다. 포르투갈의 과거 영광을 기록해놓은 개선문을 통과해 8월의 거리Rua Augusta로 나서야 한다.

과거 리스본 상업의 중심지답게 8월의 거리를 중심으로 한 바이샤 지방에는 당시 상주했던 기술공들의 직종에서 유래된 거리들이 가지런히 뻗어 있다. 신발공의 거리Rua dos Sapateiros, 칼 장수의 거리Rua dos Fanqueiros, 마구장이의 거리Rua dos Correeiros. 기술공들이 빠져나간 자리에 맛있는 레스토랑과 제과점, 옷가게, 기념품 가게가 들어서 관광객을 유혹한다. 오랜 시간 닳아 반질반질한 바닥 돌이 오랜 발길을 말해준다. 바이샤는 다른 지역에 비해 잘 정돈된 느낌이다. 깔끔한 근대 건물에 자갈로 덮은 보도, 나란히 뻗은 대로들.

바이샤가 오랜 옛날부터 이런 모습이었던 것은 아니다. 18세기 중엽 큰 지진으로 인해 도시가 바뀌었다. 가이드북은 지난날의 지진을 담담히 서술한다.

> 1755년 11월 1일 오전 9시 40분, 모든 것이 바뀌었다. 많은 주민이 만성절 미사에 참여하고 있을 시간, 땅이 크게 흔들렸다. 지진은 큰불을 일으켰고 바다에서는 쓰나미가 몰려왔다. 리스본 인구 27만 명 중 9만여 명이 죽었다. 도시의 대부분이 파괴되었고, 예전 상태를 회복하지 못했다. 수상 마르케스 데 폼발이 도시를 재건했다.

오늘날의 바이샤를 보며 지난날의 아수라를 떠올리는 일은 불가능하다. 큰 지진이 있었고, 해일이 도시를 휩쓸었다. 곳곳에 불이 났고, 건물들이 무너졌다. 주민의 세 명 중 한 명꼴인 9만여 명이 목숨을 잃었다. 축제날이었다. 역사는 개개인의 죽음을 위로하지 않는다. 각자 어떠한 삶을 살았는지, 누구를 사랑했으며 어떤 꿈을 꾸었는지 전해지지 않는다. 저마다 하나의 세계를 간직했을 사람들이 으깨어지고 뭉쳐져 9만이라는 수사로 역사에 남았다.

바이샤를 휩쓸었던 대지진의 흔적은 상도밍구스 성당Igreja de São Domingos과 카르무 수도원Convento do Carmo에서 찾아볼 수 있다. 상도밍구스 성당과 카르무 수도원은 같은 지진을 겪고, 긴 세월을 함께 버텨왔지만 서로 다른 방식으로 지진의 흔적을 간직한다. 평범한 외부와 달리 상도밍구스 성당의 내부에 들어서는 순간 미시감이 느껴진다. 독특한 구조적 특징을 찾을 수 없지만 평범하지 않다. 1755년의 지진을 버텨낸 골격에 새로운 부재를 덧대어 재건한 상도밍구스 성당은 1959년에 큰 화재를 겪었다. 내부를 둘러보면 성당의 기둥 군데군데 금이 가 있고 내벽 아치의 페인트도 곳곳이 벗겨졌다. 기둥과 내벽은 누군가 망치로 때린 듯 크게 파여 있다. 그을음도 남았다. 폐허 위에 지붕을 얹고 깨져 나간 아치 사이를 메워 벽으로 만들었다. 곳곳에 금이 간 모습은 아직까지 무너지지 않은 것이 신기할 정도다. 이런 성당에서도 시간이 되면 미사가 열리고 사람들이 몰린다. 리스본 사람들은 여러 참사를 겪으면서도 건물이 무너지지 않은 것은 신의 기적 덕분이라 말한다. 상도밍구스 성당은 수많은 전장을 누빈 노장의 모습으로 서 있다.

카르무 수도원은 바이샤와 시아두Chiado 경계에 서 있다. 바이샤와 시아두 중간에 산타주스타 엘리베이터Elevador de Santa Justa가 있고, 카르무 수도원은 바로 그 옆에 자리한다. 산타주스타 엘리베이터는 고도가 낮은 바이샤의 거리와 시아두 언덕의 거리를 잇는다. 과거 리스본 전역에 이 같은 엘리베이터가 여럿 있었지만 지금은 산타주스타 엘리베이터 하나만 남았다. 산타주스타 엘리베이터는 기능보다는 외관이 눈길을 사로잡는다. 이 구조물은 건물 같기도 하고 거대한 기념비 같기도 하다. 그 쓰임을 단번에 알아채지 못한다. 산타주스타 엘리베이터를 처음 본 사람들의 눈빛은 테주 강을 처음 마주한 이들의 눈빛과 비슷하다.

45미터 높이의 철제 구조물은 구스타프 에펠의 제자인 라울 메스니어Raul Mesnier du Ponsard가 설계했다. 산타주스타 엘리베이터는 에펠의 건

DAMA DE COPAS

축물과 닮지 않은 듯 닮았다. 에펠 탑과 같이 철골을 주로 사용했다. 눌리고 비틀리는 내부의 역학 구조가 고스란히 드러난다. 단순한 구조가 밋밋해 보이지 않게 네오고딕 양식을 이용해 상층부를 꾸몄다. 군더더기 없이 가벼운 동시에 화려하다. 산타주스타 엘리베이터를 타고 위로 오르면 바이샤부터 건너편 언덕의 상조르제 성Castelo de São Jorge까지 리스본의 풍경이 한눈에 들어온다. 한 층 더 올라 옥상에서 바라본 리스본의 풍경은 더 멀리 보이고 막아서는 것 없이 시원스레 펼쳐진다.

산타주스타 엘리베이터 통로를 빠져나오면 카르무 광장이 나오고 그 바로 옆에 카르무 수도원이 서 있다. 지진을 겪은 카르무 수도원은 상도밍구스 성당과 마찬가지로 아치와 기둥 그리고 외벽만 남았다. 하지만 상도밍구스 성당과는 달리 이곳은 복원되지 않았다. 지진의 상처를 간직한 기둥들이 폐허의 모습 그대로 서 있다. 외벽 일부와 중앙의 아치만이 남았다. 천장이 없어 푸른 하늘이 건물을 덮는다. 카르무 수도원은 요새, 나무저장소 등으로 사용되다가 현재에는 고고학 박물관이 되었다. 성당으로서의 기능을 잃어버린 건물은 폐허로 남음으로써 가치를 인정받았다.

바이샤 지방의 거리와 상도밍구스 성당 그리고 카르무 수도원은 같은 지진을 겪었지만 서로 다른 방식으로 버텨왔다. 리스본의 전망대에 올라서면 이 모두가 한눈에 보인다. 해가 서쪽으로 지고 도시가 노을에 물든다. 밤하늘이 사위를 덮는다. 하루가 지난다.

지도보다 복잡한, 사진보다 아름다운
알파마 Alfama

주제 사라마구José Saramago는 포르투갈 출신 소설가다. 1998년에는 노벨 문학상도 받았다. 그의 저서는 각국의 언어로 번역되어 큰 인기를 끌었고 그중 소설 『눈먼 자들의 도시』는 영화화되어 많은 관객을 모았다. 알파마에 그의 기념관이 있다. 지도에서 카자 두 비쿠스Casa dos Bicos를 찾으면 된다. 알파마 언덕과 테주 강 사이에 있다. 다시 한 번 포르투갈 여행을 하기로 결심한 것은 주제 사라마구 영향이 크다. 그의 열렬한 팬임에도 지난 여행 때 시간에 쫓겨 기념관에 가지 못해 아쉬움이 남았다. 이번에야말로 꼭 들르겠다고 마음먹었다.

"포르투갈어 할 줄 알아?"

기념관에 들어서니 건물 관리인이 묻는다. 빙긋빙긋 웃는 모습이 장난기 가득하다. 모른다고 대충 답하고는 얼른 표부터 샀다. 표를 사며 사라마구의 소설, 에세이 그리고 그의 에세이를 읽고 포르투갈 장기 여행을 결심하게 되었다는 이야기를 짧게 나눴다. 그는 동양에서 온 사라마구의 팬에게 관심을 보였지만 2년을 기다려온 나는 그와 한가롭게 수다 떨 여유는 없었다. 기대감이 가득한 내게 그의 목소리가 들릴 리 없었다. 계단을 오르는 내 등에 대고 그가 "인조이"라 외쳤다. 괜한 조언이었다. 그 말이 없었어도 맘껏 인조이해버릴 작정이었다.

관람실에 들어서는 순간 '인조이'할 수 없음을 알았다. 큼지막한 설명 몇 개를 제외하고는 모두 포르투갈어였다. 눈을 크게도 떠보고 찌푸려도 보았지만 오래 본다고 모르는 언어가 술술 읽힐 리 없었다. 눈대중으로 짐작할 뿐이다. 흥이 나지 않았다. 감동에 젖은 사람들을 구경하며 휘적휘적 걸었다. 그들이 너무나도 부러웠다. 두 층을 다 보는데 20분도 채 걸리지 않았다. 실망감을 가득 안은 채 내려오는 길에 관리인을 다시 만났다. 어땠냐고 묻는 그에게 애써 웃으며 이해할 순 없었지만 좋았다고 답했다. 대충 알아챈 눈치였다. 그가 자신이 직접 가이드를 해주겠다고 했다. 내가 내려오길 기다렸단다. 고마운 일이다. 다만 내가 너무 빨리 내려와 놀랐다며 놀린다. 멋쩍어 머리를 긁적이며 웃었다.

그는 작은 전시물, 사진 하나까지 상세히 설명해주었다. 두 시간 넘게 기념관을 돌며 사라마구의 책과 그의 생애에 대해 이야기를 나눴다. 내가 포르투갈의 시인 페르난두 페소아Fernando Pessoa도 좋아한다고 했더니 자신도 무척이나 존경한다며 반색한다. 그의 기념관에서도 얼마간 일을 했다고 한다. 처음 만났지만 서로 편안히 이야기했다. 사라마구의 아내가 기념관장을 하고 있다며 인사를 시켜주겠다고 말했다. 하지만 아쉽게도 그녀는 자리에 없었다. 관람이 끝나고도 서로 아쉬움이 남아 입구에서 오래 머물렀다. 그를 오랫동안 기억하고 싶어 사진을 한 장

찍어도 되느냐고 물어보았다. "내가 주제 사라마구도 아닌데 뭐…."라고 말한다. 그렇게 말하면서도 찍지 않겠다는 말은 안 한다. 렌즈를 들이미니 수줍은 듯 웃는다. 셔터를 누르기도 전에 내 머릿속에 사진처럼 각인되었다. 나는 그 웃음이 좋다.

주제 사라마구는 죽어서 화장했다. 그 재를 기념관 앞 나무 밑에 묻었다. 나무는 기념관에서 조금 떨어져 기념관과 그곳을 드나드는 사람을 바라본다. 관리인이 그 사실을 알려주었다. 그는 매일 묘를 보며 일하고, 그때마다 그리워한단다. 나무 옆에 있는 묘비에 한 문장이 적혀 있다.

MAS NAO SUBIU PARA AS ESTRELAS SE A TERRA PERTENCIA.
JOSÉ SARAMAGO(1922-2010)

'지구에 속해 있다면 별로 가지 못한다.'

그가 쓴 소설에 나온 문장이란다. 사라마구는 이제 없다. 그는 저 먼 곳으로 갔다. 가서도 행복할 것이다.

주제 사라마구의 기념관 뒤로 보이는 언덕이 알파마다. 그 초입에 리스본 대성당이 자리한다. 벽돌로 쌓은 종탑이 입구 양옆으로 솟았다. 입구 위에 있는 둥근 장미창이 유일한 창이다. 창문을 절제하고 두꺼운 벽을 둘러쌓은 성당은 너무나도 굳건해 보여 사람이 지었다기보다는 땅에서 솟아난 것처럼 보인다. 그 당시의 상황을 보여준다. 대성당은 전쟁

JOSÉ
SARAMAGO
90 ANOS
YEARS
JOSÉ SARAMAGO 1922 - 2010

12
553
80

이 끊이지 않던 시절에 지어졌다. 1150년에 무어인들에 의해 이슬람교의 모스크로 지어진 이 건물은 포르투갈인들이 리스본을 되찾으면서 가톨릭 성당으로 개조되었다.

리스본 대성당은 외관뿐만 아니라 트램과 어우러진 고즈넉한 풍경으로도 관광객을 끌어들인다. 리스본에 가기 전 사진을 주의 깊게 본 여행자라면 대성당 앞으로 노란 트램이 지나가는 모습을 한 번쯤은 보았을 것이다. 가이드북 표지로도 등장하는 리스본의 대표 이미지다.

알파마를 지나는 28번 트램은 좁고 구불구불한 골목을 빠른 속도로 나아간다. 코너에서는 건물과 닿을 듯 지나가고, 길가에 내놓은 과일 바로 옆을 스친다. 이곳 주민들은 이런 생활에 적응한 듯하다. 창문을 스치는 트램에 놀라지 않는다. 갓길에 주차한 자동차는 아슬아슬하지만 닿지 않는다. 곡예를 펼치듯 아찔하다. 멈출 때면 금속과 금속이 부딪치는 마찰음이 날카롭고, 코너를 돌 때면 전차의 삐걱거림이 고스란히 전달된다. 이곳의 고즈넉함과 잘 어울린다.

대성당을 지나 트램 길을 오르면 진정한 알파마가 시작된다. 알파마는 리스본에서 가장 높은 언덕에 있다. 좁고 구불구불한 골목이 특징이다. 대지진 때 피해가 많지 않아 리스본의 옛 모습이 고스란히 남아 있다. 가파른 언덕과 복잡한 골목으로 이루어진 이 3차원 공간에서 선 몇 개로 표현된 지도는 무용하다. 지도를 접고 발길 닿는 대로 가는 것이 상책이다. 길을 걷다 보면 곳곳에서 포르투갈 민요 파두Fado가 흘러나오고, 갖가지 상점들이 나타난다. 발코니에 빨래를 내거는 아주머니의 손길이 바쁘다. 아이들이 좁은 골목에서 공을 튀긴다. 정처 없이 걷다 보면 유적

지나 박물관에 도착하기도 하고, 풍경 좋은 전망대가 나타나기도 한다.

리스본에서는 알파마 언덕 위에 웅크린 성을 쉽사리 발견할 수 있다. 상조르제 성이다. 도시의 가장 높은 곳에 자리 잡아 어디서든 볼 수 있다. 별 생각 없이 찍은 사진 귀퉁이에 성이 살짝 고개를 내밀기도 한다. 바이샤에서 28번 트램을 타고 솔 광장Largo das Portas do Sol에서 내려 언덕길을 따라 조금 올라가면 성이 나타난다. 오르막이 싫다면 버스를 타면 된다. 737번 버스는 피게이라 광장Praça da Figueira과 성의 정문을 오간다.

로마인들이 이곳에 성을 쌓아 올렸다고 전해진다. 대양에서 오는 적을 관측하기에 최적의 장소였다. 이후 리스본의 주인이 여러 번 바뀌었지만 성은 그 유용성을 인정받아 보존되었다. 더 이상 막아낼 적이 없는 성벽은 제 아름다움만으로 삶을 연명해 나간다. 성벽은 예술 작품이 된 듯하다. 무용한 아름다움, 그것이 예술의 핵심이니 말이다.

성의 매력은 성 그 자체보다는 그곳에서 보이는 경관에 있다. 발밑으로 알파마와 바이샤가 보이고 시아두와 강 건너 알마다Almada가 펼쳐진다. 성벽을 따라 한 바퀴 돌면 리스본이 모두 내려다보인다. 맑은 하늘 아래 펼쳐진 풍경도 충분히 아름답지만 해 질 녘 경관은 압권이다. 해가 서쪽으로 기울면 넓은 테주 강이 붉은빛으로 가득 찬다. 물비늘이 반짝인다. 마을을 가득 채운 붉은 기와가 한층 붉어진다. 노을을 바라보는 사람들 사이에는 말이 없다. 눈빛이 모든 것을 알려준다.

A BRASILEIRA
HOTEL

페소아와 마주한 커피 한 잔

'페르난두 페소아를 좋아한다면 브라질레이라에 꼭 가봐. 그의 자취를 느낄 수 있을 거야.'
사라마구 기념관 관리인이 내게 말했다. 페르난두 페소아는 포르투갈 시인이다. 이곳 사람들은 페르난두 페소아의 이야기가 나오면 반색하며 좋아한다.
시 외에도 다양한 분야에 정통했던 그를 포르투갈 최고의 지성으로 여기는 듯하다. 시아두 광장에 위치한 카페 브라질레이라에 페르난두 페소아의 동상이 있다.
이곳에 들러 커피를 마시던 그를 기려 세웠다고 한다.
2년 전 이곳을 찾았을 때, 한 할아버지가 커피를 마시던 내게 다가왔다. 다짜고짜 내 손을 잡고는 큰 소리로 시를 읊어댔다. 낭송을 끝낸 그는 페르난두 페소아의 시라는 것을 알려주고는 사라졌다. 리스본에 간다면 카페 브라질레이라에 가자. 페르난두 페소아를 몰라도 좋다. 아름다운 시와 따뜻한 손을 만날 수 있다. 값싸고 향 좋은 커피는 덤이다.

to read is to dream, guided by someone else's hand.

Fernando Pessoa

읽는다는 것은, 낯선 이의 손을 잡고서 꿈꾸는 일이다.

페르난두 페소아 1)

대항해시대의 영광이 어린
벨렘 Belém

벨렘은 리스본 서쪽 지역이다. 전성기인 대항해시대의 유적이 많아 그 시절 영광을 엿볼 수 있다. 바이샤에서 벨렘으로 가기 위해서는 15번 트램을 타야 한다. 여유가 있다면 강변으로 뻗은 산책로를 따라 걸어도 된다. 트램을 타면 20분 정도 걸리고 걸어가면 1시간 남짓 소요된다. 트램은 7월 24일 거리Av. 24 de Julho를 통과한다. 일본의 소설가 요시다 슈이치는 거리의 이름과 같은 소설 『7월 24일 거리』를 썼다. 소설에 리스본을 끌어들였지만 주인공은 리스본에 살지 않는다.

> 전에는 버스를 타고 출퇴근하기가 따분하기 짝이 없었는데, 가본 적도 없는 포르투갈의 리스본이란 도시의 지형이 내가 사는 이 도시와 어딘가 모르게 비슷하다는 것을 발견한 뒤로는 출근길을 그럭저럭 즐길 수 있게 되었다.
>
> 예를 들면 이렇다. 늘 버스를 타는 '마루야마 신사 앞'이란 정거장

이름을 '제로니모스 수도원 앞'이라고 바꾸자 언덕을 넘어 시내로 들어가는-오른쪽으로 바다가 보이는-길이 리스본과 똑같았다. 그렇다면 제방과 나란한 현도는 '7월 24일 거리'고 재개발 덕분에 항구에 조성된 '물가 공원'은 '코메르시오 광장'? 이렇게 하나하나 이름을 바꾸다 보니 현청 소재지도 못 되는 일본의 소박한 지방 도시가 리스본 시가지와 완벽하게 겹쳐지게 되었다.[2)]

주인공은 실수할 것을 두려워해 시도조차 하지 않는 소심한 여성이다. 그녀는 자신이 사는 도시를 리스본에 빗대어 생각한다는 사실도 남에게 말하지 않는다. 혼자만의 비밀로 간직한다. 그렇게 만들어진 리스본은 그녀에게 비밀의 공간, 가상의 도피처가 된다.

이 소설 외에도 리스본을 무대로 한 소설은 꽤나 많다. 그중 파스칼 메르시어Pascal Mercier의 『리스본행 야간열차』에서 묘사되는 리스본은 이와 비슷한 느낌을 준다. 주인공은 독일의 학교에서 고전문헌학을 가르치는 라이문트 그레고리우스. 죽은 단어 몇 가지로 만들어진 듯한 건조한 사람이다. 비 내리던 어느 날 다리에서 뛰어내리려는 한 여인을 구한다. 그녀는 묘한 울림이 있는 한 단어만을 남기고 떠나간다. "포르투게스" 이 단어 하나가 삶을 송두리째 바꿔버린다. 무엇에 홀린 듯 아마데우 드 프라두의 책 한 권을 들고 포르투갈로 훌쩍 떠난다. '우리가 우리 안에 있는 것들 가운데 아주 작은 부분만 경험할 수 있다면, 나머지는 어떻게 되는 걸까'라는 의문을 시작점으로 소설은 야간열차를 타고 이곳에 도착한 주인공이 아마데우 드 프라두의 삶을 추적하고 자신의 삶을 성찰하는 것으로 전개된다.

두 소설에서 리스본은 일상에서 벗어난 장소로 그려진다. 일탈이 시작된다. 아마도 포르투갈의 지리적 위치와 옛사람들의 인식이 반영된 듯하다. 대륙의 가장 서쪽에 자리하고, 다른 국가와 교류가 적었던 탓에 고대 유럽인들은 이곳을 세상의 끝이라고 여겼다. 고대 그리스 신화에는 레테라는 강이 나온다. 하데스가 다스리는 저승과 이승을 나누는 강이다. 강물을 마신 사람들은 기억을 모두 잃는다고 전해진다. 포르투갈로 진격해오던 로마군은 이곳 어딘가에 레테가 있다고 믿었다. 그래서 마주치는 강을 건너길 두려워했다고 한다. 그들에게 포르투갈은 세계의 끝이었고 공포로 가득 찬 미지의 땅이었다.

하지만 포르투갈인들은 그 끝에서 머무르지 않았다. 바다 건너 새로운 세계가 있다고 믿었다. 그들은 항해했고, 새로운 항로를 발견했다. 식민지에서 막대한 양의 금은보화가 유입되었다. 포르투갈의 전성기였다. 포르투갈인들은 그 시대를 자랑스럽게 여긴다. 벨렘의 건물과 기념비에 자긍심이 묻어난다.

벨렘에 도착하자마자 고고학 박물관으로 향했다. 나는 낯선 도시의 박물관을 좋아한다. 그곳에 가면 이들의 역사와 풍습을 알 수 있다. 유적과 풍습은 하루아침에 생겨나지 않는다. 모든 문명은 다양한 요인에 의해 점진적으로 발전한다. 박물관에서는 그 흐름을 한눈에 파악할 수 있다. 그렇다고 다른 관광지를 모두 제쳐두고 가장 먼저 찾을 만큼 박물관을 좋아하는 것은 아니다. 곧장 이곳으로 달려온 이유는 주제 사라마구가 봤던 물건을 나 역시 보고 싶었기 때문이다. 사라마구의 여

행기에는 리스본 근교 오비두스에서 발견한 한 목걸이에 대한 이야기가 나온다.

> 이 흑인은 오비두스의 칼발리아우에 사는 아고스티뉴 데 라페타의 소유입니다.[3)]

오비두스에서 발견한 금제 목걸이에 새겨진 문장이다. 오비두스에는 노예가 있었다. 목걸이가 노예 제도를 증언한다. 인간이 다른 인간을 소유했다 말한다. 노예 제도의 비인간성이 한 문장에 녹아 있다. 노예를 구입한 주인은 도망갈 것을 염려해 목걸이를 채웠다. 목걸이에는 노예의 이름도, 신체적 특징도, 성격도 필요 없었다. 주인의 이름만 있을 뿐이다. 우리는 노예의 주인이 누구인지는 알 수 있지만, 그 목걸이를 차고 다녔던 노예에 대해서는 아무것도 알아낼 수 없다. 그는 목걸이를 찬 채 일도 하고, 잠도 자고, 밥도 먹었을 것이다. 그러다 노예가 죽으면 주인은 목걸이를 벗기고 새로운 노예를 기다렸다. 새로 온 노예에게 목걸이를 걸어주면 모든 일은 끝난다. 목걸이를 차는 사람이 바뀌었다고 문장이 바뀔 필요는 없었다. 노예는 존엄을 인정받지 못했다. 목걸이와 같은 소유물이었다.

그 목걸이가 바로 이 고고학 박물관에 있다고 했다. 하지만 전시실에는 목걸이가 너무나도 많았다. 포르투갈어를 몰라 어느 목걸이가 사라마구의 여행기에 나온 것인지 알 수 없었다. 직원에게 오비두스에서 발견한 목걸이가 어느 것이냐고 물어도 고개를 가로저을 뿐이다. 보고자 했던 목걸이는 결국 보지 못했다. 목걸이는 한 전시실을 가득 채울

만큼 많았다. 피땀 흘리며 착취당했던 노예의 수는 아마도 전시된 목걸이보다 훨씬 많았을 것이다. 박물관을 나서며 무명의 삶을 살다간 노예들을 생각했다. 마음이 숙연해졌다.

고고학 박물관 동쪽에 있는 제로니무스 수도원Mosterio dos Jerónimos은 벨렘에서 가장 유명한 관광지다. 포르투갈의 전성기인 16세기에 세워졌다. 끝없이 화려한 수도원의 외관이 옛 영광을 말해주는 듯하다. 정문은 물론 외벽, 돔 등 외관 전체가 무거운 장식을 이고 있다. 깎고 잇대어서 장식할 수 있는 곳마다 조각을 세웠다. 제로니무스 수도원은 마누엘 양식의 대표 주자다. 마누엘 양식은 포르투갈에서 발현된 화려한 장식주의 건축 양식이다. 시작된 시기가 마누엘 1세의 통치 기간과 비슷해 붙여진 이름이다. 화려한 후기 고딕을 기초로 해 르네상스 양식, 인도와는 다른 동양 건축의 특징을 받아들였다. 매듭 무늬와 조개 무늬 등 해양 국가 특유의 바다 관련 장식도 첨가했다. 포르투갈의 유명한 건축물들은 대부분 이 시기를 전후해 지어졌다. 마누엘 양식에는 해양 대국이었던 포르투갈의 자존심이 녹아 있다.

성당에 들어서면 화려한 궁륭(穹窿)이 눈을 사로잡는다. 기둥 한 개에서 열 개의 늑골이 뻗어 나온다. 천장과 기둥이 매끈한 곡선을 그리며 이어져 기둥은 천장을 받친다기보다 천장에서 흘러내리는 인상을 준다. 하중을 지탱하는 진짜 구조물과 무의미한 장식 늑골들이 얽혀 있다. 천장은 기하학적 무늬로 가득 찬다. 늑골과 늑골이 만나는 지점마다 꽃을 조각해 천장은 꽃으로 만개한다. 입구 양옆으로 인도 항로를 개척한 바스쿠 다 가마와 포르투갈의 국민 시인 카몽이스Camões의 석관

이 있다. 바스쿠 다 가마의 일행은 희망봉을 돌아 인도에 닿았다. 2년이 넘는 시간이 걸렸고 175명 중 겨우 44명이 살아 돌아왔다. 험난한 항해였다. 바스쿠 다 가마는 항해하기 전 이곳에 와 기도했다고 한다. 그 이후 이곳은 출정을 앞둔 바다 사나이들의 기도처가 되었다.

벨렘 탑은 테주 강 하구에 있는 등대다. 기도를 마친 항해가들은 이곳에서 배를 타고 출발했고, 살아 돌아온 자들은 이곳에 내려 왕을 알현했다. 요새 역할을 겸하던 등대답게 가장 높은 망루에 오르면 사방으로 막힌 곳이 없다. 북쪽으로는 제로니무스 수도원과 벨렘이, 동쪽과 남쪽으로는 4월 25일 다리와 거대한 예수상이 보인다. 검푸른 대서양이 서쪽으로 펼쳐진다. 가도 가도 끝이 없어 시선 둘 곳이 없다.

벨렘 탑 지하에 스페인이 이곳을 통치하던 시절 정적들을 가뒀던 감옥이 있다. 바닷물이 강물을 밀고 들어올 때 지하의 감옥에도 물이 찼다. 이 때문에 감옥은 악명이 높았다. 지금은 기초 보수 공사를 해서 탑 지하에 물이 들어오지 않는다.

바로 옆 선착장에는 돌로 된 배 한 척이 출정을 기다리고 있다. 바로 발견 기념비다. 대항해시대의 초석을 닦은 해양왕 엔리케Henrique 사후 500주년을 기념해 지었다고 한다. 발견 기념비는 항해하는 배 모양으로 서 있다. 배 위에 한 무리의 사람들이 조각되어 있다. 해양왕 엔리케가 앞장서고 바스쿠 다 가마를 비롯한 그 시절 영웅들이 뒤따른다.

베투는 광대다. 얼굴에 흰 칠을 하고서 해적 연기를 한다. 곤니치와나 니하오를 외치며 다가가 사진을 찍고 동전 몇 닢을 받는다. 강 건너

예수상이 있는 알마다로 가는 교통편을 묻기 위해 한 가게에 들어갔다. 영어로 말을 걸었더니 다들 영어를 못한다며 손사래를 친다. 이런 상황을 대비해 준비한 문장을 외쳤다.

"애우 꿰이라 이르 빠라 알마다(나는 알마다에 가고 싶어요)!"

사람들의 눈빛이 바뀌었다. 포르투갈어로 길을 묻자 신기한 듯 웃는 얼굴로 알려준다. 손님들까지 서너 명이 달라붙어 각자 떠들어댄다. 한 사람 말에 온 정신을 쏟아도 알아듣지 못할 판국에 여러 명이 떠들어대니 더욱 알아들을 수가 없었다. 두 번째 문장을 쓸 타이밍이다.

"농 앤탠두(못 알아듣겠어요)."

알아듣지 못하겠다는 나를 위해 점원이 영어를 할 줄 아는 사람을 데려왔다. 바로 베투였다. 해적 분장을 한 채 구석에서 커피를 마시며 쉬던 참이었다. 더위를 피해 가게로 도망친 이 해적이 점원과 나 사이를 통역해주었다. 고마운 마음에 이름을 물었더니 잠시 고민을 하다가 '베투'라고 말했다. 베투는 예전 우리의 철수나 영희같이 포르투갈에서 가장 흔한 이름이다. 감사의 표시로 돈을 조금 주려고 했지만 거절했다. 대신 답례로 한국어 인사를 알려달란다. 베투는 '안녕하세요'와 '감사합니다'를 그 자리에서 몇 번이나 중얼거렸다. 만약 벨렘에서 '안녕하세요, 감사합니다'를 외치는 하얀 얼굴의 해적을 만난다면 그는 필시 베투일 것이다.

SACRED
SACRED
WHO DEPARTED THIS LIFE

Gone but not forgotten, 포르투갈의 목소리
파두 Fado

파두에 대해 들어본 적 있는가?

파두는 포르투갈의 민요다. 잔잔한 기타 선율에 애절한 목소리를 더해 부른다. 파두는 리스본에서 시작되었고, 리스본에서 발전했다. 'Fado'가 운명 혹은 숙명을 뜻하는 라틴어 파툼Fatum에서 유래되었다는 이야기에는 이견이 없지만 노래 '파두'가 어떻게 생겨났는지에 관해서는 여러 설이 있다. 어떤 사람들은 동료를 잃은 선원들이 그 슬픔을 담아 부른 노래가 파두의 기원이라 주장하고, 다른 사람들은 여인들이 바다로 나간 연인을 그리며 부른 노래가 파두의 시초라 말한다. 그 기원에 관해서는 의견이 분분하지만 이견 없는 사실이 하나 있다. 파두는 포르투갈 전통 리듬에 아랍과 아프리카 그리고 브라질 음악을 덧씌웠다는 것이다. 포르투갈의 역사와 흐름을 같이한다.

파두는 힘없는 이들의 노래였다. 가난한 노동자들이 모여 살던 알파마에서 주로 공연되었다. 가난한 이들이 자신의 좌절과 희망 그리고 그리움을 파두 가락에 실어 보냈다. 노래로 서로 위로하며 위안을 삼았다. 서민 문화로 천대받던 파두는 19세기 후반 몇몇 귀족들이 관심을 보였다. 이후 상류층 사이에서도 많은 인기를 얻어 국가적, 나아가 세계적 주목을 받았다. 파두는 가난한 이들의 상처를 쓰다듬으며 아래에서부터 자생하고 발전한 포르투갈의 목소리다.

파두를 이해하기 위해서는 먼저 사우다드Saudade를 이해해야 한다. 사우다드는 포르투갈 특유의 정서다. 우리나라에 소개될 때 주로 향수 혹은 한(恨)으로 번역된다. 하지만 향수는 그 대상이 지엽적이고, 한은 너무 응어리졌다. 다양한 언어를 쓰는 사람들이 사우다드를 자국어로 번역하려 시도했지만 정확한 단어는 찾을 수 없었다.

사우다드를 정확히 느끼고 설명하는 일은 잠시 머물다 떠나는 여행객인 나에게는 벅찬 일이다. 두 눈을 감고 파두를 듣다 보면 어떤 감정이 희미하게 떠오르는 듯하지만 구체화되지 않는다. 손을 뻗기 전에 사라진다. 내가 느낀 이 감정을 구체화하고 싶었다. 사우다드를 느낄 만한 장소가 있을까 싶어 리스본 지도를 펼쳤다. 영국인 묘지Cemitério dos Ingleses를 발견한 것은 그때였다. 고향을 떠나 리스본에서 살다 간 영국인들이 묻힌 곳이다. 강제로 떠나온 추방자와 스스로 떠난 이민자가 함께 묻혔다. 정든 고향을 떠나 포르투갈에서 이방인의 삶을 살아가던 영국인들은 포르투갈의 그리움, 사우다드를 느낄 수 있었을까?

한낮에 찾아간 영국인 묘지는 나의 예상과는 다른 느낌이었다. 스산함이 없었다. 외려 아늑했다. 넓지도 좁지도 않은 부지에 아름드리나무들이 그늘을 드리웠다. 네모반듯한 키 작은 나무들은 정성스레 관리

받은 티가 역력했다. 크기와 모양이 제각기 다른 묘비들이 수백 년의 세월을 뛰어넘어 옹기종기 모여 있었다. 묘지와 묘지는 작은 길로 이어지고, 아직 시들지 않은 꽃들이 묘비 앞에 가지런히 놓여 있었다. 관리인은 낯선 방문객이 신기한지 고개를 쭉 내밀었다 이내 흥미를 잃고 제 할 일에 열중했다. 묘지엔 나 혼자였다. 작은 길을 걸으며 묘비들을 바라보았다. 이 세상 모두가 서로 다른 삶을 영위하듯 묘비의 모양도, 새겨진 묘비명도 제각각이었다.

사랑, 명예, 존중, 평화 등이 아로새겨진 묘비들. 아마도 묘비는 떠나간 자의 생전 모습과 닮았을 것이고, 묘비명은 남은 자들이 떠나간 자에게 보내는 편지일 것이다. 혹은 남은 자들의 자기 위안을 새긴 것일지도 모른다. 묘비와 묘비명을 보며 각자의 삶을 상상했다. 그때, 한 묘비가 눈을 사로잡았다.

Gone But Not Forgotten.

떠나간 것을 인정하되 잊지 않고 그리워하는 일.

머리가 명징해지는 느낌이었다. 내가 찾으려 노력했던 감정이었고 찾지 못한 문장이었다. 아마도 사우다드는 이 네 단어와 비슷할 것이다.

영국인 묘지에서 나와 아말리아 로드리게스 박물관으로 발걸음을 옮겼다. 아말리아 로드리게스Amália Rodrigues는 많은 사랑을 받은 파디스타다. 이름 앞엔 언제나 파두의 여왕이란 수식어가 따라붙었다. 그녀는 1920년 가난한 노동자의 딸로 태어났다. 포르투갈뿐만 여러 나라에서 큰 인기를 얻어 파두의 세계화를 이끌었다. 대중들은 그녀를 20세기가 낳은 포르투갈 최고의 영웅이라 칭했다. 1999년 그녀가 세상을 떠나자 수상은 3일간의 국장을 선포했다. 많은 국민들이 애도했다. 그녀가 살던 집은 현재 아말리아 로드리게스 박물관으로 개관했다. 방문객들의 자유 관람은 금지되어 있다. 조심스레 신발 덮개를 신은 관광객들이 역시나 신발 덮개를 신은 가이드를 따라 아말리아 로드리게스의 집을 방문한다. 모든 것이 그녀가 살던 때와 똑같이 복원되었다고 한다. 그녀가 앉던 의자, 밥을 먹던 식탁, 읽던 책, 입던 공연복, 수집한 그림, 영광을 함께한 많은 트로피와 훈장 그리고 입던 잠옷까지도. 가이드는 방마다 멈추어 그녀와 관련된 일화를 소개한다. 방문객은 감동하고 종종 울먹이기도 한다. 가이드의 엄숙한 표정, 각 잡혀 정렬된 물건들, 먼지 하나 내려앉지 않은 창틀과 액자, 행여나 박물관을 흩뜨릴까 조심스레 행동하는 방문객들을 보면 그들의 사랑과 존경이 전해지는 듯하다. 모든 것을 복원한 그녀의 집에도, 화려한 스포트라이트를 받던 무대 위에도 아말리아 로드리게스는 이제 없다. 그녀는 판테온에 안치되었다. 가이드는 설명과 설명 사이, 방문객들이 감동하는 동안 그녀가 남긴 물건들을 바라본다. 말없이 상념에 잠긴다. 그녀가 남기고 간 물건을 보며 그녀를 그린다. 아직 잊지 못했을 것이다. 어쩌면 이것 역시 사우다드일지 모른다.

파두가 발원한 알파마의 골목과 술집이 몰린 바이후알투Bairro Alto의 거리는 밤이면 파두로 가득 찬다. 제아무리 작은 골목이라도 파두 공연장이 여럿 자리한다. 좁은 골목을 따라 기타 선율과 함께 애절한 목소리가 흐른다. 들어가 듣지 않고 그냥 지나치기는 힘들다. 공연장에서는 파두를 식사를 하며 볼 수도 있고 간단히 음료만 마시며 볼 수도 있다. 기본 입장료가 있고, 입장료만큼의 음식과 음료가 공짜로 나온다.

공연이 시작되면 기타리스트 두세 명과 파디스타가 입장한다. 클래식 기타와 포르투갈의 전통 기타 기타라로 반주를 넣는다. 포르투갈에서는 기타라를 기타라고 부르고, 클래식 기타를 비올라라 부른다. 기타라로 멜로디를 만들고 클래식 기타로 반주를 한다. 기타라는 작고 둥근 울림통을 사용한다. 중앙에 여섯 개의 겹줄이 있는 12현 악기다. 클래식 기타보다 울림이 적고 음색이 날카롭다. 앞선 음과 다음 오는 음이 확연히 구분된다. 음을 길게 낼 때 연주자는 줄을 비틀어 음을 떨어낸다. 현 그 자체의 소리에 가깝다. 애잔한 곡조와 어울린다.

파두를 처음 듣는 사람들은 파디스타 목소리의 독특함에 놀란다. 앞서 깔린 기타라의 얇은 음색을 듣고 섣불리 예측한 이들을 배반한다. 파디스타의 목소리는 기교 없이 정직하고 깊은 심연에서 빠져 나오는 듯 모든 것을 게워낸다. 절정에서는 성대를 열고 입을 크게 벌려 힘주어 노래한다. 마이크 없이도 공연장 전체가 울린다. 목소리가 잠시 쉴 때, 기타라 소리가 치고 나선다.

눈을 감고 노래에 집중하면 각자의 사우다드를 만날 수 있다. 파두는 포르투갈어로 노래되지만 공연장에 앉은 다국적 사람들은 노래하는 이의 감정을 공유한다. 그 비결은 목소리에 있다. 혹자는 슬픈 목소리를 파디스타 제일의 요건이라 말하지만, 내 생각은 다르다. 훌륭한 파디스타의 목소리는 슬픔이 무엇인지 아는 목소리다. 슬픈 목소리는 선천적 요인이지만 슬픔이 무엇인지 아는 목소리는 후천적 요소이다. 스스로 슬픔을 겪어야 한다. 겪고, 곱씹고, 아파하며, 시간이 흘러 슬픔이 희미해졌을 때 되돌아볼 줄 알아야 한다. 슬픈 목소리는 밀어붙이듯 슬픔을 전달하지만, 슬픔이 무엇인지 아는 목소리는 강약을 조절해 슬픔을 전달한다. 때로는 크게, 때로는 작게, 가끔은 슬쩍 미소 지으며.

우리는 자신의 슬픔을 타인에게 이해시킬 수 없다. 얼마나 슬픈지 어디가 아픈지 서로에게 알려줄 척도가 없고, 실은 나 자신부터 어디가 아픈지 얼마나 슬픈지 정확히 알지 못한다. 파두는 리듬과 음률로 슬픔을 전달한다. 전달할 수 없는 것을 기어이 전달해야 하는 일은 무참하다. 포르투갈인들은 이 무참함 앞에서 주저하지 않는다. 기타 줄을 뜯고 악을 쓰며 노래한다. 듣는 이들의 눈은 감정도 실존하는 물건처럼 나눌 수 있다는 믿음으로 반짝인다. 집중해 듣고, 흥얼흥얼 따라 부른다. 그 사이에서 감정이 움튼다.

파두 박물관은 알파마 언덕이 끝나고 테주 강이 시작되는 곳에 자리한다. 파두의 역사도 소개하고 오래된 기타, 파두와 관련된 책이나 그림도 전시한다. 이곳의 가장 큰 매력은 우리나라에서는 듣기 힘든 파두를 한자리에서 골라 들을 수 있다는 점이다. 파디스타마다 정해진 숫자를 오디오 가이드에 넣으면 설명과 대표 곡이 흘러나온다. 헤드셋이 연결된 푹신한 소파에 앉아 여러 파디스타의 앨범을 골라 들을 수도 있다. 모든 삶이 같은 슬픔을 겪지 않기에 저마다 다른 목소리가 흘러나온다. 파디스타의 노래를 듣는 것은 그들의 상처를 읽는 일이다. 낮에 들어가 문 닫을 때가 되어서야 나왔다.

파두가 듣고 싶다면 시아두 거리로

알파마를 비롯한 리스본 곳곳에 유명한 파두 공연장이 즐비하지만 여행자에게는 가격이 부담스럽다. 저렴한 가격에 실력 있는 파디스타를 만나고 싶다면 시아두로 가자. 공연장에 들어서기 전부터 문틈 사이로 흘러나오는 파두 가락이 반갑게 맞이한다. 설령 혼자이더라도 망설이지 말 것. 파두를 듣는 동안은 말이 필요 없다. 시아두는 카르무 광장 서쪽에 있다.

포르투갈의
행정 구역과 지도

포르투갈은 5개의 지방(região)으로 구성된다. 그리고 지방들은 다시 18개의 현(distrito)으로 나뉜다. 국토는 길쭉한 직사각형 형상인데, 서쪽과 남쪽은 대서양에 접하고 북쪽과 동쪽은 스페인과 맞닿는다. 대항해시대에 유입된 금은보화는 모두 대서양 인근에서 소비되어 서쪽 지역에는 화려한 도시가 여럿 형성되었다. 포르투갈의 유명 관광지는 대부분 서쪽에 위치한다. 반면 동쪽에는 스페인의 침입을 막기 위한 요새도시가 발달하였다. 그 시절의 전통을 고수하고, 관광객의 발길이 닿지 않아 포르투갈의 진면목을 볼 수 있다. 남쪽 해안은 서핑족이 즐겨 찾는다. 대서양에서 큰 파도가 몰려오고 기후가 서늘해 레저스포츠를 즐기기 알맞다.

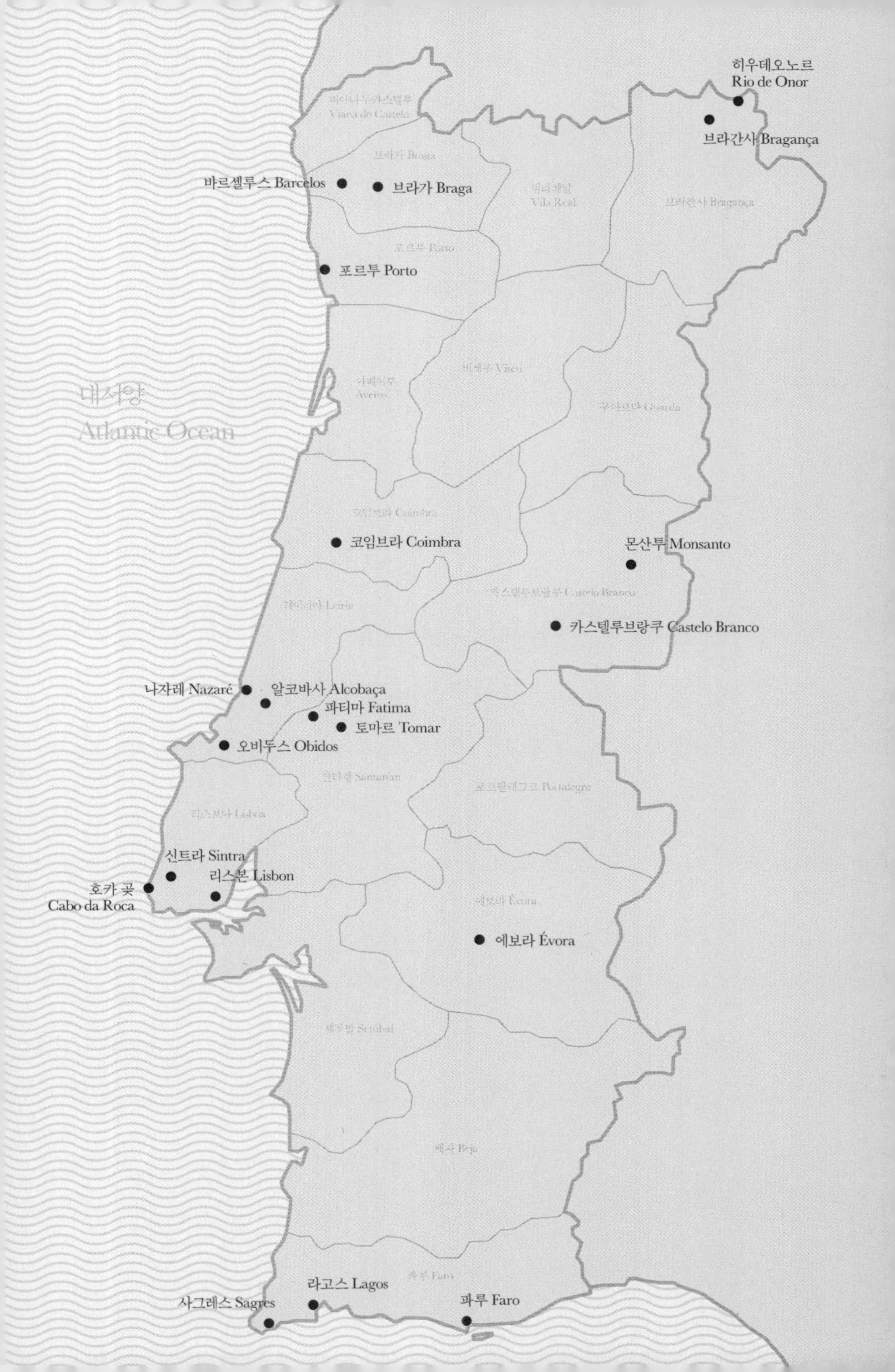

대서양
Atlantic Ocean
히우데오노르
Rio de Onor
브라간사 Bragança
바르셀루스 Barcelos
브라가 Braga
포르투 Porto
코임브라 Coimbra
몬산투 Monsanto
카스텔루브랑쿠 Castelo Branco
나자레 Nazaré
알코바사 Alcobaça
파티마 Fatima
토마르 Tomar
오비두스 Obidos
신트라 Sintra
리스본 Lisbon
호카 곶
Cabo da Roca
에보라 Évora
라고스 Lagos
사그레스 Sagres
파루 Faro

오랜 낙원
신트라 Sintra

신트라는 낙원이 중첩된 공간이다. 낙원을 향한 노력이 여러 세대를 거쳐 켜켜이 쌓여 있다. 오래된 나무들이 이를 증명한다. 두 아름은 족히 될 것 같은 나무가 즐비하다. 나무는 예로부터 낙원의 기본 조건이었다. 동서양 구애받지 않는 관념이었다. 서양 최초 인간의 낙원엔 사과나무가 있었고, 동양 도교의 신선들은 나무 아래에서 장기를 두었다. 오늘날도 나무를 찾아 삼림욕을 하려는 사람들로 주말이면 전국 각지 고속도로가 막힌다. 지친 심신을 달래기 위해 나무 사이를 걷는다. 일탈에서 낙원을 찾는다.

다시 찾은 신트라는 짙은 안개에 가려져 있었다. 가라앉지도 날아오르지도 않는 물 알갱이들은 오래 머물렀다. 태양이 높이 뜬 오후에도 안개는 물러날 기미가 없었다.

안개 속에서 시야는 멀리 뻗지 못한다. 먼 사물의 경계는 풀어지지만, 가까운 사물의 경계는 짙어진다. 오랜 안개에 침윤(浸潤)한 사물들이 저마다의 색을 뽐낸다. 짙은 안개 속에서 차도를 따라 걷는 것은 위험한 일이다. 밝은 색 옷을 꺼내 입고 낙원을 찾아 나섰다.

가장 먼저 마주한 낙원의 흔적은 안주 테이세이라 박물관Museu Anjos Teixeira이다. 기차역에서 신트라 중심부로 가는 길에서 조금 벗어나 외따로 있다. 제 소임을 다한 물레방앗간은 창고를 거쳐 현재는 두 조각가, 페드루 아우구스투Pedro Augusto와 안주 테이세이라의 박물관으로 사용된다. 두 조각가는 부자지간이다. 안주 테이세이라가 아버지고 페드루 아우구스투가 아들이다. 아들이 아버지보다 조금 더 유명하다고 관리인 할머니가 귀띔해주었다.

조각은 품이 많이 드는 작업이다. 애정 없이는 완성하기가 힘들다. 박물관에는 왕과 관리 등 그 당시 권력의 중심에 있던 인물들의 흉상도 있지만 시소를 타는 사람, 술을 마시는 사람, 밭에서 일하는 사람 등 평범한 이들의 군상도 있다. 딱딱한 포즈에 거만한 표정을 한 권력자들과 달리, 평범한 이들에게는 풀어지고 느슨해 자연스러운 멋이 있다. 일의 고됨과 휴식의 달콤함이 얼굴에 떠오른다. 애써 숨기지 않는다. 조각가의 사랑이 묻어난다. 박물관 구석에 아버지가 조각한 아들의 흉상이 있다. 박물관에는 아버지와 아들의 예술이 나란히 놓여 있다. 평생을 조각에 바친 둘은 조각으로 이해하고, 조각으로 소통했을 것이다. 이곳은 두 부자의 낙원이다. 이제는 사용하지 않는 물레방아 옆으로 물길이 흘러 물 냄새가 가득하다.

기차역에서 주요 관광지가 모인 역사 지구로 가기 위해선 볼타두

셰Volta Duche 길을 따라 10분 남짓 남쪽으로 내려가야 한다. 산을 넘지도 않고 계곡을 가로지르지도 않는 길이 산 능선에 달라붙어 구불구불 이어진다. 모퉁이를 두 번 돌아 역사 지구 초입에 다다르면 조금은 우스꽝스럽게 생긴 원뿔 모양의 쌍둥이 굴뚝이 나타난다. 신트라 왕궁Palácio Nacional de Sintra이다. 8세기에 지어진 무어인의 성을 포르투갈 왕들이 수 세기에 걸쳐 개조하고 증축했다. 그리하여 왕궁은 현재 본래의 모습을 가늠할 수 없을 정도로 많이 바뀌었다. 무어 양식을 바탕으로 르네상스, 고딕, 마누엘 양식이 혼재되어 있다.

신트라 왕궁에서 남서쪽으로 조금 더 걸어가면 킨타 다 헤갈레이라Quinta da Regaleira가 나온다. 킨타 다 헤갈레이라는 카르발료 가문의 여름 별장이다. 브라질 커피 중계 무역으로 많은 돈을 벌어들인 안토니오 카르발류 몬테이루António Carvalho Monteir는 1900년에 이탈리아의 오페라 무대 디자이너이자 조각가인 루이지 마니니Luigi Manini에게 정원 건축을 의뢰했다.

마누엘 양식으로 지어진 화려한 별장은 많은 볼거리를 제공한다. 20세기 초반 귀족들의 취미와 생활상이 고스란히 박제되어 있다. 세련된 고가구와 식기들은 한 세기 전에 만들어졌다는 사실이 믿어지지 않는다.

건물 밖으로 나와 정원으로 향한다. 건물 면적의 수십 배에 달하는 넓은 정원에는 비밀 장치가 여럿 숨어 있다. 무대 디자이너로 활동한 루이지 마니니는 정원을 판타지 무대로 만들 결심을 했던 모양이다. 정

원을 걷다 보면 우물과 동굴이 자주 보인다. 이들은 모두 연결되어 있어 동굴로 들어가면 정원 반대편이 나온다. 뒤돌아 다시 습하고 어두운 통로를 따라 걸어가면 폭포 뒤 비밀 통로가 나오기도 한다. 정원 곳곳에 벽으로 위장한 돌문이 있다. 힘껏 밀어 돌문을 열면 반대편 사람이 깜짝 놀란다. 영화 속 주인공이 된 듯 이곳저곳 뛰어다닌다. 숨겨진 비밀을 찾기 위해 면밀히 살펴본다. 저마다의 판타지 속에 빠진 사람들과 마주친다. 정원을 돌아다니는 것만으로도 반나절이 금방 지나간다.

신트라 역사 지구에서 남쪽 언덕을 올라간다. 가파른 산에 갈지자를 그리며 나아간다. 조금만 올라가면 포장되지 않은 흙 길이 시작된다. 아스팔트 포장을 벗어버린 채 숲으로 들어간다. 무어인의 성Castelo dos Moors까지 이어지는 4킬로미터 남짓한 이 길은 신트라가 자랑하는 산책로다. 안개 낀 좁은 길을 따라 걷다 보면 비 오는 날 버스 창가에 어린 풍경처럼 성벽이 보인다.

무어인의 성은 이름과는 다르게 서고트족의 성이 그 기원이라 추측된다. 8세기 초 북아프리카에서 온 무어인들이 서고트족을 쫓아내고 성을 차지했다. 12세기에 포르투갈인들이 정복했다. 전쟁과 거리가 멀었던 낙원에서 성벽은 이내 잊혀 숲의 일부가 되었다.

무어인의 성은 산의 모양새를 따라간다. 바위를 만나면 바위를 품고 나아간다. 올라가고 내려가는 산세를 따라 출렁인다. 방어를 위한 요새답게 성벽에 올라서면 넓게 보이고, 멀리 보인다. 신트라 마을과 페냐 성, 몬세라트, 헤갈레이라 등 주변 유적이 한눈에 내려다보인다. 하늘이 맑아 시야가 좋은 날엔 대서양까지 보인다고 한다. 신트라와 바다는 멀리 떨어져 있지 않았다. 포르투갈인들은 낙원도 바다에서 가까운 곳에 있길 바랐나 보다.

무어인의 성을 빠져나와 조금 남쪽으로 내려가면 페냐 성Palácio Nacional da Pena이 나온다. 페냐 성은 여왕을 위한 별궁이다. 19세기 중반 폐허로 남아 있던 수도원 터에 포르투갈의 왕 페르디난드 2세가 아내 마리아Maria 2세를 위해 만들었다. 프로이센의 건축가 루트비히 폰 에슈베게Ludwig von Eschwege가 낙원의 설계를 담당했다. 낭만주의가 절정을 향해 달리던 시대에 지어진 성은 그 시대상을 반영하듯 자유분방한 건축 양식과 화려한 색채를 뽐낸다.

정원에 난 길을 따라 올라가면 성이 조금씩 모습을 드러낸다. 성을 처음 보는 사람들은 건물의 기묘함에 놀란다. 뒤섞인 건축 양식과 노랑 빨강 등 선명한 원색으로 채색된 외벽, 독일에서 자주 쓰이는 둥근 첨탑, 밧줄을 이용해 외벽을 장식한 마누엘 양식, 뾰족한 아치와 둥근 아치, 벽돌을 쌓아 무늬를 만드는 독일 로마네스크 건축 기법인 롬바르디아 밴드, 매너리즘 건축에서 볼 법한 그로테스크한 동상, 여러 형식의 돔 그리고 창문을 받치고 있는 그리스 신화의 신 조각까지. 뒤죽박죽 섞인 건축 양식은 잡다하다기보다 외려 동화적이다. 눈에 익을수록 더 매력적이다. 성 앞에서 사람들은 건축가의 역량을 찬탄한다. 왕비를 위한 낙원 건설을 부탁받은 이 프로이센 건축가는 어쩌면 왕비를 핑계로 자신의 건축 판타지를 실현한 것일지도 모른다.

신트라에는 이 외에도 낙원을 향한 다양한 시도들이 아로새겨져 있다. 카푸쇼스 수도원Convento dos Capuchos은 세라산 맞은편에 숨어 있다. 깊은 숲 속에 위치한 이 수도원은 1560년 12명의 사제가 창건했다. 이들은 절제된 생활과 기도로 신에게 가까이 가려고 했다. 이들의 낙원은 신과 가까운 곳에 있었다. 영국 시인 바이런은 이 수도원에 머물며 신트라의 아름다움을 노래했고, 서사시 '소년 헤롤드의 모험Childe Harold's Pilgrimage'을 집필했다. 그는 임종 직전까지 36년간 이곳에서 살았다. 낙원을 향한 사제들의 노력은 1834년까지 이어졌다. 이들이 낙원을 찾았는지는 알 수 없다. 사제는 없다. 한 줌의 관광객들이 버려진 길을 오간다. 사제들이 사라진 수도원은 이젠 식물과 동물들의 낙원이다. 도마뱀이 돌아다니고, 이끼와 잡초가 자란다.

몬세라트Monserrate는 18세기 영국 부호 윌리엄 스톡데일William Stockdale의 별장이다. 그는 넓은 정원에 여러 나라에서 수입한 진귀한 식물을 심고 가꾸었다. 그 위에 정원을 굽어볼 수 있는 별장을 짓고 살았다. 그가 심은 나무와 살던 별장이 남아 손님을 맞는다. 낙원을 만들고자 하는 인간의 노력은 현대에도 계속되어 신트라 주변과 세라산 주변은 인공 공원과 박물관으로 가득하다.

신트라는 포르투갈이 가장 번창했던 16세기부터 다듬어진 전원 도시다. 많은 왕족과 귀족들이 몰려와 앞 다투어 낙원을 지었다. 가이드북들은 신트라에 가면 포르투갈 전성기의 부와 낭만을 볼 수 있다고 일제히 서술한다. 이 말을 뒤집어보면 다른 의미가 포함된다. 이들은 자신의 낙원을 짓기 위해 많은 돈이 필요했고, 식민지를 수탈해 이를 충당했다. 사람들을 납치해 노예로 삼았다. 이들의 낙원은 식민지 백성의 지

신트라

옥이었다. 부와 낭만은 식민지 백성의 피와 눈물 위에서 꽃피웠다.

영원한 낙원은 없었다. 식민지 백성의 피와 눈물로 만든 낙원은 지속될 수 없었고, 지속되지도 않았다. 낙원이란 찬사를 받은 모든 곳은 더 이상 사람이 살지 않는다. 신석기 시대부터 시작된 낙원을 향한 노력이 중첩된 공간에서 며칠을 헤맸지만 영원한 낙원은 없었다. 허무했다. 숙소를 향해 터덜터덜 걸었다. 안개가 걷히고 있었다.

숙소 앞에서 아랫집 할아버지를 만났다. 활짝 웃으며 반갑게 인사했다. 사흘 전이었을까? 할아버지를 처음 만난 것은 실수 때문이었다. 나는 오줌 마려운 어린아이처럼 안절부절못하고 있었다. 한국에서 미리 알아온 호스텔에 도착했는데 아무리 초인종을 눌러도 인기척이 없었다. 주변에는 다들 비싼 호텔이나 여관뿐이었다. 하루 예산이 두 배로 뛸 지경이었다. 한참 문 앞에서 기다려도 아무도 오지 않았다. 젖은 바닥 때문에 내려놓지 못한 짐이 어깨를 눌러댔다. 아무리 비싸더라도 어디든 가까운 곳으로 가고 싶었다. 마지막 시도라는 생각으로 벨을 눌렀는데 실수로 할아버지 집 초인종을 누르고 말았던 것이다.

할아버지가 문틈으로 내다보았다. 현지에서 익힌 한두 마디 포르투갈어로 어눌하게 상황을 설명했다. 할아버지는 마침 숙소 주인과 당신의 아들이 서로 아는 사이니 아들에게 전화해보겠다고 기다리라 했다. 고마운 일이다. 여러 차례 전화를 걸었다 끊었다. 통화가 되지 않는 모양이다. 꽤나 오랜 시간이 흘렀다. 할아버지께 고맙다는 인사를 하고 돌아서는데 몇 번이나 붙잡아 세웠다. 도와주겠다고 기다리라 했다. 어쩔 수 없이 다시 앉았다. 다시 20분 정도 지났을까? 호스텔 문이 열리며 주인아주머니가 나온다. 초인종이 고장 나 영업을 안 한단다. 난감해하는 나를 앞에 두고 할아버지와 몇 마디 나누더니 들어오라 한다. 호스텔 전체를 혼자 쓰게 되었다. 운이 좋았다.

신트라 사람들은 친절하다. 길을 잃어도 걱정이 없을 정도다. 길을 잃었다는 말만 하면 모두가 데려다주겠다며 나서고, 식사 시간을 놓쳐 찾아간 식당에서도 '애우 꼼 포무(배가 고파요)' 한마디면 주방장이 웃으며 요리를 해준다. 두 번만 가도 슈퍼마켓 주인아저씨가 먼저 인사를 하고, 동네 노인들이 도와줄 게 없나 주위를 맴돌며 지켜본다. 버려진 낙원에 친절한 사람들이 산다.

육지의 끝, 바다의 시작
호카 곶 Cabo da Roca

세계의 끝은 어떤 모습일까? 궁금증을 안은 채 버스에 탔다. 버스는 한 시간 정도 서쪽으로 향해 바닷가에 닿는다. 호카 곶, 유럽 대륙의 최서단이다.

신트라역 앞에서 403번 버스를 타면 세계의 끝으로 갈 수 있다. 세계의 끝으로 가는 길은 순탄하지 않았다. 호카 곶과 신트라 사이에는 큰 국립공원이 있다. 버스는 국립공원을 휘둘러 간다. 산 능선을 따라 놓인 길은 산의 모양 그대로 굽이쳐 간다. 오르막도 내리막도 없는 길을 좌우로 비틀어 나아간다. 코너와 코너가 이어진다. 호카 곶으로 가는 버스에서는 멀미를 조심하라는 충고가 뒤늦게 생각난다. 눈을 감고 깊게 심호흡을 한다. 한 시간 정도 지났을까? 사람들이 술렁인다. 저 멀리 바다가 보였다.

호카 곶은 몽환적인 풍경이었다. 뒤로는 낮은 구릉이 출렁이고, 앞으로는 절벽이 펼쳐진다. 내륙에서부터 잇달아 달려오던 구릉은 큼

지막한 칼로 썰어낸 듯 끊어져 단애(斷崖)를 드러낸다. 바다 앞에서 멈췄다. 눈 아래로 150미터의 까마득한 절벽이 펼쳐진다. 다리가 후들거린다.

카보 다 호카Cabo da Roca. 카보Cabo는 '곶'을 뜻하고, 다da는 우리말 '~의'와 같은 쓰임을 가진다. 이 두 단어는 호카Roca라는 고유명사를 만나 호카에 있는 곶, 즉 호카 곶이 된다. Cabo da Roca는 로카 곶이 아니다. 포르투갈어에서 어두에 나오는 'R'은 'ㅎ'에 가까운 소리를 낸다. 한글 자모 히읗보다 목구멍을 크게 벌리고 흉부에서 더 많은 바람을 내보낸다. 바람 소리에 가깝다. 듣다 보면 어쩐지 저 멀리서 바람이 불어올 것만 같은 시원한 소리다. 나는 저 낮은 곳에서부터 목구멍을 타고 올라오는 바람 소리를 내지 못한다. 바람이 지나가는 소리를 만드는 일에만 온 신경을 집중하다 보니, 내가 만든 소리는 늘 사람의 말이라기보다는 새의 울음소리에 가까웠다. 어색하고 어려웠다. 몇 번 시도해보다가 포기하고 여행하는 내내 히읗 발음으로 살았다. 그래도 다들 척척 잘 알아듣는다.

호카 곶은 제 이름과 잘 어울린다. 먼 대양에서 시원한 바람이 불어온다. 사방에 바람 소리가 가득하다. 풀이 서걱거린다. 바람은 파도를 데려온다. 속살을 드러낸 바위 덩어리에 파도가 부딪힌다. 구릉 위로는 열대 식물이 자란다. 키 작은 풀들은 바닥에 붙어 자란다. 제 몸을 지탱하지 못하는 연한 줄기가 멀리 뻗어 넓게 자란다. 풀들 사이로 흙 길이 나 있다. 길을 따라 내려가면 유럽 대륙 가장 서쪽 바닷물을 만질 수 있다. 만만한 길이 아니다. 잔걸음 치며 때로는 폴짝 뛰며 조심조심 내려가야 한다. 30분가량 내려갔으나 끝에 닿지 못하고 다시 올라왔다.

호카 곶에는 등대가 있다. 하얀 벽에 붉은 지붕은 없은 포르투갈 느낌이 물씬 나는 등대다. 등대는 이곳을 지나는 배들을 보내고 맞이한다. 등대마다 고유한 빛의 신호가 있다. 부여받은 신호에 따라 얼마간은 깜빡이고 얼마간은 꺼진다. 아무것도 보이지 않는 짙은 어둠 속에서, 선원들은 깜빡임을 계산해 자신의 위치를 알아낸다. 호카 곶의 등대는 바다에서 돌아오는 배들을 향해 가장 멀리 마중 나와 깜빡인다.

호카 곶의 관광안내소는 버스정류장 바로 앞에 있다. 유럽의 서쪽 끝에 발도장을 찍었다는 증명서를 만들어준다. 내가 이곳에 왔다는 사실이 종이가 되어 내 손에 들어온다. 그런데 생각보다 가격이 비싸다. 10유로다. 눈으로만 담고 가자고 생각했다.

관광안내소 안에는 포르투갈의 시인 카몽이스의 서사시 '우스 루시아다스Os Lusíadas' 중 일부분이 전시되어 있다. 카몽이스는 포르투갈에서 가장 사랑받는 시인이다. 도시들이 앞 다투어 그의 이름을 딴 광장을 만들어 도시마다 카몽이스 광장이 세워졌다. 매년 그의 이름을 딴 문학상도 수여된다. 포르투갈의 문학인들은 카몽이스 문학상을 최고의 영광으로 여긴다. 그의 저서들은 여러 언어로 번역되었는데, 그 수준이 셰익스피어나 단테와 비견된단다.

그는 대항해시대의 초기인 16세기에 활동했다. '우스 루시아다스'가 가장 유명하다. 바스쿠 다 가마의 인도 항해를 묘사한 서사시다. 선원들을 영웅화한 서사시로 국민들의 자긍심을 높였다. '우스 루시아다스' 중 관광안내소에 전시된 부분을 소개한다.

EIS AQUI, QUASE CUME DA CABECA
DE EUROPA TODA, O REINO LUSITANO
ONDE A TERRA SE ACABA, E O MAR COMECA
ESTA E A DITOSA PATRIA, MANIA AMADA
그리고 거기에서, 당신은 유럽의 왕관과 같은
루시타니아 왕가를 볼 수 있소
땅이 끝나고, 바다가 시작되는 곳
이곳이 축복받은 내 고향이오, 내 사랑

루시타니아는 포르투갈의 옛 이름이다. 사진을 찍으려 카메라를 드니 경비원이 막아서며 입구를 가리킨다. 경비원의 단호한 표정만큼이나 빨간 엑스표가 카메라 그림 위에 그려져 있다. 사진 촬영을 불허한다는 뜻인 듯하다. 알았다며 고개를 끄덕였다. 종이와 샤프를 꺼내 구석에 앉아 한 자 한 자 받아 적기 시작했다. 모르는 언어를 받아 적으려니 영 힘들다. 글씨가 삐뚤빼뚤하고 샤프심이 자꾸 부러졌다. 자주 고개를 들었고, 자주 멈추었다. 이런 내가 안타까워 보였는지 경비원이 슬쩍 다가와 자신이 망을 봐줄 테니 몰래 찍으라 했다. 잘못 들은 것 같아 다시 한 번 되물었다. 이번엔 손으로 카메라 모양까지 만들어 찰칵댄다. 단호한 표정은 오간 데 없고 장난기만 가득하다.

경비원이 데스크 쪽으로 가더니 말을 걸며 직원의 시선을 막아선다. 뒤를 돌아 내게 윙크 한 번 날리는 것도 잊지 않았다. 이번엔 내 차례다. 주변에 아무도 없음을 확인하고, 구석으로 자리를 옮겨 카메라를 들었다. 아무것도 아닌데 괜스레 긴장된다. 찰~칵. 200분의 1초조차 길게 느껴졌다. 재빨리 카메라를 넣고 아무 일도 없다는 듯 걸어 나왔다. 작전 성공이다. 아무도 보지 못했다. 경비원이 돌아오며 미소를 짓는다. 나도 히죽 웃었다. 공모자의 웃음이다. 완벽한 호흡이었다. 경비원이 스치듯 지나갈 때, 귀에다 대고 마지막 말을 속삭였다. 비장한 표정으로 조용하고 또 진지하게.

"오브리가두(고마워요)."

경비원과 나, 둘 다 웃음이 터져버렸다. 우리는 동시에 푸하하 박장대소했다. 너무 웃어 눈물이 날 지경이었다. 사람들이 어리둥절한 표정으로 쳐다봤다. 경비원이 날 보며 엄지를 치켜들었다. 나도 엄지를 치켜들었다. 비록 영화처럼 멋진 마무리는 아니었지만, 작전은 성공적이었다. 세계의 끝에서 우리는 비밀을 하나 공유했다.

단애 위에 걸터앉아 바다를 바라보았다. 광활한 바다 앞에서 나는 말을 잃었다. 세상의 끝, 그곳엔 아무것도 없었다. 눈이 닿는 모든 곳이 푸르렀다. 저 멀리 바다와 하늘이 만난다. 가까워질수록 서로 닮는다. 대양에서부터 일렁이던 너울이 단애에 와 부딪힌다. 산산조각 난다. 앞선 여울의 흔적이 채 사라지기 전 뒤따르던 파도가 몸을 던진다. 그리고 다음, 또 그다음. 끝없이 철썩인다. 다시 시선을 멀리 던진다. 대서양은 멀어지는 바다다. 아메리카 판과 유라시아 판의 경계를 품은 이 바다는 매년 조금씩 더 넓어지고 있다. 도무지 그 끝을 알 수 없는 바다, 그럼에도 계속 더 넓어지는 바다. 광대한 자연 앞에서 인간은 자신의 미약함을 깨닫는다 했던가? 크기를 헤아릴 수 없는 바다 앞에서 숙연해졌다.

그때, 저 멀리서 무엇인가 움직였다. 조그마한 점 같은 것이 수평선 근처에서 점점 멀어져 갔다. 대양을 항해하는 배였다. 그때서야 깨달았다. 세계의 끝이라는 단어가 주는 몽환적 분위기에 휩쓸려, 아무런 의심 없이 호카 곶을 세계의 끝이라 믿었다. 이곳은 세계의 끝이 아니었다. 이곳에서 한 발짝 더 나아가는 사람이 있는 한 세계의 끝일 수 없다. 이곳은 단지 육지의 끝이었고, 바다의 시작이었다.

옛사람들은 지구가 육면체라 믿었다. 바다를 건너 계속 나아가면 세상의 폭과 같은 높이의 낭떠러지가 있다고 생각했다. 먼 바다로 나가기를 두려워했다. 두려움에 파묻힌 사람들에게 이곳은 세상의 끝이었다. 더 나아갈 수 없었다. 세월이 흐르면서 지구가 둥글다고 주장하는 사람들이 생겨났다. 대양을 가로질러 계속 항해하면 인도에 도착할 것이라 말했다. 말들은 쌓여갔지만 실증이 없었다. 위험한 항해에 아무도 선뜻 나서지 않았다.

그때 이탈리아의 모험가 콜럼버스가 나섰다. 그는 대서양을 가로질러 유럽이 아닌 새로운 땅에 닿았다. 그의 항해를 시발점으로 많은 모험가 서쪽으로 향했다. 포르투갈인 페르난디드 마젤란은 스페인 왕가의 후원을 받아 선단을 이끌고 서쪽으로 발진(發進)했다. 그와 동료들은 서쪽으로만 항해해 다시 유럽으로 돌아왔다. 270명의 선원이 다섯 척의 배를 타고 떠나 그중 18명의 선원만이 한 척의 배를 타고 귀향했다. 마젤란 자신도 필리핀 근처 전투에서 전사했다. 험난한 여정이었다. 그들은 포기하지 않고 항해했다. 지구가 둥글다는 것을 입증했다.

CABO DA ROCA
AQUI......
ONDE A TERRA SE ACABA
E O MAR COMEÇA......
(CAMÕES)
PONTA MAIS OCIDENTAL DO
CONTINENTE EUROPEU

그 시절 모험가들에게 이곳, 호카 곶은 어떤 의미였을까? 그들은 아마 세계의 끝이 아닌 바다의 시작이라 생각했을 것이다. 바다를 등지고 돌아서려는데 저 멀리 기념비가 보였다. 기념비 하단에 낯익은 문구가 새겨졌다.

AQUI…

ONDE A TERRA SE ACABA, E O MAR COMECA

이곳…

땅이 끝나고, 바다가 시작되는 곳

방금 전 보았던 시의 일부였다. 땅이 끝나고, 바다가 시작되는 곳. 방금 전 보았던 시구라고는 믿을 수 없었다. 다른 시각을 갖고 본 시구는 새롭게 다가왔다. 카몽이스는 이곳이 세계의 끝이 아님을 알고 있었다. 더 나아갈 수 있다고 말한다. 그는 대항해시대에 살던 포르투갈인이었다.

세상의 끝이라 불리는 땅에서, 땅의 끝과 바다의 시작은 포개어져 있었다.

14

P

건물이 피어나는 마을
오비두스 Obidos

정말이지 좋은 날이 아닐 수가 없었다. 오비두스의 하늘은 맑고 마을은 예쁘다. 흰 벽에 파랑, 노랑, 빨강으로 포인트를 준 건물 사이를 거닌다. 3일 정도 머무르니 마을 사람들이 알아보고 먼저 웃으며 인사를 건넨다.

"봄디아."

나도 같이 인사한다.

"봄디아."

지난 이틀간 만나는 사람마다 인사를 나누며 다닌 보람이 있다. 호스텔 주인아주머니도, 밖에 나와 잠시 담배를 피우던 옆 건물 호텔 직원도, 눈앞에서 즙을 내어 만드는 즉석 오렌지 주스 가게 아저씨도, 나와 같은 방을 쓰는 브라질 청년 패드루도 모두 좋은 날이다.

봄디아Bom Dia는 포르투갈의 아침 인사다. '좋은'이란 뜻의 Bom과 '날' 혹은 '아침'이라는 뜻의 Dia가 만나 '좋은 날이네요'라는 인사말을 만든다. '안녕하세요'라 인사할 때, 우리는 상대방의 그간 안녕을 묻는 게 아니다. 그저 습관화된 인사말일 뿐이다. 하지만 내게 포르투갈어는 생소하다. 습관화되지 않아 관습화된 인사로 이해하지 못하고 나열된 단어의 의미를 하나하나 뜯어 이해한다. 봄디아를 듣거나 말할 때마다 좋은 날에 대한 사람들의 바람을 떠올린다. 또 내 염원을 담아 인사한다.

'좋은 날이에요!'

말에는 신비로운 기운이 있어서 사람들이 한 말은 가끔 그들 자신을 향한 예언이 되기도 한다. 마을을 한 바퀴 돌며 '좋은 날이에요'를 외쳐댔더니 정말이지 '좋은 날'이 아닐 수 없었다.

오비두스는 작은 시골 마을이다. 신트라에서 오비두스로 가기 위해서는 신트라 기차역에서 지역 전철을 타고 미라신트라역으로 이동한 후 미라신트라역에서 지역 간 기차로 갈아타야 한다. 두 량짜리 기차가 선로 위를 오간다. 오비두스로 가는 창밖 구릉에는 밀밭과 올리브 과수원이 한가득이다. 펼쳐진 밀밭을 보고 있으면 포르투갈이 유럽의 빈국이라는 사실이 도무지 믿어지지 않는다.

아직은 푸릇한 6월의 밀밭이 줄어들고 올리브 나무가 시야를 가득 채운다면 오비두스가 가까워지고 있다는 뜻이다. 목가적인 풍경에 취해 있다 'Obidos'라 적힌 역 간판을 보고 허겁지겁 내렸다. 기차가 떠나갔다. 역무원도 없는 기차역에 덩그러니 나 혼자다. 강아지 한 마리와 손님 없는 휴게실이 나를 반긴다. 조금 왔지만 멀리 온 기분이다.

오비두스는 '성곽'을 뜻하는 라틴어 오피둠Oppidum에서 유래되었다. 이름에 걸맞게 성곽이 마을을 폭 감싸 안는다. 마을로 가는 길은 언덕

을 휘감으며 올라간다. 수도교(水道橋)가 머리 위를 지나는 주차장 옆에 관광안내소가 있다. 조금 더 오르면 성벽이 나온다. 성의 정문에는 오비두스의 수호성인 메리를 위한 기도소가 마련되어 있다.

> 길게 이어진 화단의 꽃들은 저마다 잠자리에서 일어나며 깜짝 놀라는 목소리로 '빨강' 하고 말했다.[4)]

릴케는 자신의 소설 『말테의 수기』에서 꽃이 핀 모습을 이렇게 표현했다. 얼음이 녹고 봄이 오면 산천에 꽃이 핀다. 개나리가 가장 먼저 피고 진달래, 벚꽃, 목련이 뒤따른다. 개나리는 '노랑!', 진달래는 '분홍!' 하고 소리치며 피어난다. 한 번 읽고 나면 꽃들이 정말 제 색을 외치며 피는 환청이 들린다. 멋진 문장이다.

꽃들만이 제 색을 외치는 것이 아니라는 사실을 오비두스에서 알았다. 성의 정문을 통과해 마을로 들어서자 건물들이 제 색을 외쳐댔다. 오비두스의 건물들은 흰 벽에 붉은 기와지붕을 이고 있다. 창가와 건물 모서리에 빨강, 파랑, 노랑 원색의 페인트로 포인트를 주었다. 각가지 색의 건물들이 이어진 골목을 걸으면 건물들이 '빨강! 파랑! 노랑!' 하며 제 색을 소리치는 듯하다. 건물들의 소리가 쟁쟁하다.

성벽을 따라 걸을 수도 있다. 한 바퀴 도는 데 30분 정도 걸린다. 성벽 위에선 안과 밖이 모두 잘 보인다. 밖으로는 넓은 구릉 위에 펼쳐진 올리브 과수원이 멀리 보이고, 안으로는 붉은 기와지붕이 가까이 보인다. 양쪽 모두 매력적이다. 성벽 위에서 보는 붉은 지붕은 색다르다. 가

11
RESPEITE O PATRIMÓNIO
NÃO ESCREVA NAS PAREDES
RESPECT THE PATRIMONY
DO NOT WRITE ON THE WALLS
RESPECTEZ LE PATRIMOINE

까워 자세히 보인다. 이끼가 끼고 빛이 바랜 기와에는 햇볕이 이글거린다. 모서리가 성한 기와가 하나도 없다. 바람에 쓸리고 비에 쓸렸다. 자연이 만든 작품이다.

리스본에서 숙소 주인이 말해준 일화가 생각났다. 맞은편 건물이 리모델링 공사를 했는데 몇 달이 지나도 끝날 기미가 보이지 않았다고 했다. 도대체 무엇을 하는지 살펴보았더니 지붕 위로 사람이 올라가 기와에 핀 이끼를 쇠 솔로 하나하나 닦아내고 있더라고 했다. 모두 버리고 새로 사도 될 일이다. 아마도 더 편할 것이다. 하지만 기와를 새로 사서 지붕을 얹는 집이 많아진다면 지금과 같은 풍경은 없었을 것이다. 포르투갈인들은 오래된 것을 존중할 줄 안다. 이곳에 어린 고즈넉함은 사람들의 이런 마음에서 나오는 것일지도 모른다.

오비두스 역시 오랜 세월 옛 모습을 지켜왔다. 포르투갈인들은 1148년에 이곳을 탈환했다. 1228년 디니스Dinis 왕이 왕비 이사벨Isabel에게 오비두스를 소개했을 때 그녀는 이 작은 마을을 보고 한눈에 반해버렸다. 왕은 마을을 결혼 선물로 주었다. 이러한 선물은 왕가의 전통이었고 19세기까지 이어졌다고 한다. 오비두스는 이미 예쁜 마을이었다. 서고트족의 마을 위에 세운 무어인의 마을은 여왕의 마음을 사로잡았다. 왕가의 노력으로 오비두스는 옛 모습을 고스란히 품고 있다. 무어인이 살아가던 12세기 그 모습 그대로다.

오비두스는 유명한 초콜릿 생산지이기도 하다. 매년 3월이면 국제적 규모의 초콜릿 축제를 한다. 초콜릿 경연 대회도 열리고, 초콜릿 패션

쇼도 개최하며, 아이들을 위한 초콜릿 성도 짓는다. 축제는 2주간 이어진다. 축제 기간이 아니어도 초콜릿 상점이 길을 따라 이어진다. 초코타르트, 초코케밥 등 다양한 초콜릿 음식을 만들어 판다. 갖은 모양과 맛의 초콜릿이 아이들을 유혹한다. 초콜릿을 하나씩 물고 걸어 다니는 아이들의 모습을 곳곳에서 만날 수 있다. 어른들을 위해서는 진자가 있다. 알코올 도수가 높은 술에 체리와 설탕을 넣어 만든 전통주다. 달콤한 진자는 그대로 마셔도 좋지만 초콜릿 잔과 함께 마시면 더욱 맛있다. 먼저 설탕에 절인 체리 맛이 입 안 가득 퍼진다. 알싸한 알코올 맛이 뒤를 잇는다. 하지만 이내 곧 입술에 묻은 초콜릿이 알코올의 씁쓸함을 없앤다. 진자를 마시고 초콜릿 잔을 안주로 먹는다. 1유로면 초콜릿 잔에 든 진자를 마실 수 있다. 파는 가게도 많다. 넓지 않은 오비두스를 걸어 다니며 진자 가게를 자주 마주쳐 여기저기서 마셨다. 진자 가게가 많은 골목에는 사람들의 입마다 초콜릿 향이 가득하다.

조세파 데 오비두스Josefa de Óbidos는 화가 발타자르 고메스 피게이라Baltazar Gomes Figueira의 딸로 17세기에 활동한 화가다. 아버지에게 그림을 배웠지만 그녀는 바로 화가로 활동하지 못했다. 그 시절 여성이 선택할 수 있는 직업은 고작 수녀와 주부뿐이었다. 세비야에서 어린 시절을 보낸 조세파는 포르투갈이 스페인으로부터 독립하던 해에 포르투갈로 건너와 수도원에서 수녀 수업을 받았다. 신앙심이 깊었지만 그림을 향한 열정을 억누르지는 못했다. 그녀는 화가가 되고 싶었다. 수도원을 떠나 오비두스에 자리 잡고 본격적인 화가 생활을 시작해 시대를 풍미하는 화가로 성장했다.

한국에도 이와 비슷한 이야기가 전해져 내려온다. 소설가 김훈은 설요의 이야기를 아래와 같이 전해준다.

> 설요는 한국 한문학사 첫 장에 나온다. 7세기 신라의 젊은 여승이다. 그 여자의 몸의 아름다움과 시 한 줄만이 후세에 전해진다. 그 시 한 줄은 봄마다 새롭다. 이 젊은 여승의 몸은 꽃 피는 산의 관능을 견딜 수 없었다. 그 여자는 시 한 줄을 써놓고 절을 떠나 속세로 내려왔다.
>
> 꽃 피어 봄 마음 이리 설레니 아, 이 젊음을 어찌할 거나

설요는 봄의 관능을 견딜 수 없었다. 지천에 피어난 꽃들이 그녀를 꾀었다. 봄바람에 들떠버린 마음을 안고 시 한 줄을 남긴 채 그녀는 속세로 내려왔다. 속세로 내려와 시 쓰는 이의 첩이 되었다고 한다. 김훈은 이 사태를 한 문장으로 압축한다.

> 이것은 대책이 없는 생의 충동이다.[5)]

설요의 파계가 생의 충동이었다면, 조세파 데 오비두스의 환속은 꿈의 충동이었을 것이다. 화가의 꿈이 그녀를 환속하게 만들었다. 조세파는 오비두스에 자리 잡고 평생 그림을 그리며 혼자 살았다. 종교화를 많이 그렸으며, 산타마리아 성당에 그녀의 그림이 있다.

세뇨르 패드라는 시골의 스낵바다. 호스텔 주인아주머니에게 전통 식당을 추천해달라 부탁했더니 지역 사람들이 귀중한 손님을 맞이할 때 가는 식당이라며 알려주었다. 하지만 그리 고급스러운 분위기는 아니었다. 심지어 문 옆에는 스낵바라 적힌 값싼 네온사인이 먼지를 뒤집어쓴 채 반짝이고 있었다. 문을 열고 들어서면 주인아저씨가 맞이한다. 세뇨르 패드라의 주인아저씨는 장발이다. 희끗희끗한 곱슬머리를 뒤로 질끈 묶었고 까무잡잡한 얼굴엔 검버섯이 피었다. 웃을 때 앞니 하나 빠진 자리가 텅 비어 누런 가운데 새까맣다. 세뇨르 패드라의 주인아저씨는 항상 '노 쁘라블람'이다. 손님이 접시를 떨어뜨려도, 아이가 컵을 깨도, 내가 10분이 넘게 메뉴를 못 정해도 그는 환하게 웃으며 '노 쁘라블람' 한다. 식사를 하고 있으면 어디선가 주인아저씨의 웃음소리가 들려온다. 식사를 마친 후 계산서를 달라 했더니 '오케이!' 하고는 30분이 지나도 오질 않는다. 기다림에 지쳐 일어서려는데 계산서를 슬쩍 내민다. 9.0+1.70=10.0이다. 계산이 잘못되었다 말했더니 그냥 가라며 잇몸이 보일 정도로 웃는다. 두 번째 갈 때부턴 문을 밀고 들어서자마자 큼지막한 손을 내밀어 악수를 청하곤 빠른 포르투갈어로 인사한다. 주문하지 않은 샐러드 한 접시를 스윽 들이민다. 역시나 씩 웃는다. 계산서는 여전히 30분이 걸리고 주인아저씨는 느릿느릿 움직인다. 계산서를 기다리며 싸구려 와인을 홀짝인다. 주인아저씨의 호쾌한 웃음소리를 듣고 있노라면 내 위도, 늘어가는 뱃살도, 해 지는 하루도 어쩌면 이 세상 전부가 노 쁘라블람하게 느껴진다.

기적의 땅, 사랑의 땅
파티마 Fatima

기적의 땅에서 기적이 일어났다. 파티마로 출발하기 전 인터넷으로 숙소를 검색하니 빈방이 없었다. 시골 숙소라 인터넷에 등록을 하지 않았으려니 생각하며 길을 나섰다. 파티마로 가기 위해서는 칼다스 다 하이냐 Caldas da Rainha에서 한 번, 레이리아Leiria에서 한 번 버스를 갈아타야 한다. 시골에서 시골로 가는 일은 힘겹다. 시골은 눌러앉아 지낼 때는 천국이지만, 다시 길을 나설 때는 그만큼 더 힘이 든다.

파티마가 가까워질수록 버스에 사람이 점점 많아진다. 레이리아에서 출발한 버스에는 사람이 한가득이다. 앉을 자리가 없어 짐을 들고 서서 탄다. 사람이 많아도 너무 많다. 불안한 마음에 가이드북을 펼쳐봤더니 매달 13일과 14일은 주요 성지 순례일이라 적혀 있다. 주요 성지 순례일에는 숙소가 없는 경우가 있으니 숙소를 꼭 예약해야 한단다. 그리고 그 13일이 바로 오늘이다. 예전에 가이드북을 읽으며 유의해야겠다고 체크했던 것이 뒤늦게 생각났다. 파티마 초입부터 길 양옆으로 주차된

차들이 길게 늘어섰다. 큰일이다.

버스에서 내리자마자 한국에서 미리 보아둔 호스텔로 내달렸다. 숨을 헐떡이며 뛰어갔지만 빈방이 없다고 했다. 눈에 보이는 숙소마다 들어가 물어보았지만 다들 고개를 가로젓는다. 꼭 머물고 싶은 마을이라 큰마음 먹고 별 여럿 달린 숙소도 들어가 보았지만 소용이 없다. 주요 성지 순례일에 이곳 파티마에서 중요한 회의가 진행되어 손님이 평소보다 더 많다는 이야기만 들었을 뿐이다. 물어물어 찾아간 관광안내소는 '휴가 중'이란 팻말만 놓여 있다. 혹시나 밥 먹으러 간 것이 아닐까 싶어 주변 여러 가게에 물어보았지만 돌아오는 대답은 모두 같았다.

"버케이션!"

도시 전체를 배낭 멘 채 돌아다닐 자신이 없었다. 환승을 두 번이나 하고, 버스도 서서 타고, 숙소 찾으러 이곳저곳 돌아다니기까지 했다. 진이 다 빠졌다. 가이드북을 펼쳐 차선책으로 갈 만한 다른 도시를 찾고 있는데, 저쪽에서 가게 직원이 부른다. 빈방이 있는 싼 호텔을 알고 있으니 가보라 한다. 비싼 호텔들도 꽉 찬 마당에 싼 호텔에 방이 있을 리가 없을 텐데 싶었다. 밑져야 본전이란 생각으로 가보았더니 정말 방이 딱 한 개 남아 있었다. 앞뒤 잴 것 없었다. 당장 체크인을 했다. 위치도 좋고 가격도 쌌다. 기적 같은 일이었다.

파티마는 기적의 땅이다. 1917년, 기적이 일어났다. 이후 작은 시골 마을은 전 세계 순례자들이 찾는 성지가 되었다. 5월 13일, 열 살짜리 목동 루시아는 어린 사촌들과 함께 가축을 돌보고 있었다. 별안간 천둥이 치더니 태양보다 더 눈부신 여인이 목동들 앞에 나타났다. 여인은 기도하고 죄를 참회하라 말했다. 매일 기도하고 참회한다면 평화가 찾아올 것이라 말했다. 제1차 세계 대전을 겪고 있던 포르투갈 사람들은 평화를 갈망했다.

여인은 목동들에게 매달 13일에 같은 시간, 같은 장소에 나오라 명했다. 만약 계속 나온다면 10월에 자신을 드러낼 것이라 약속했다. 6월에는 겨우 몇 명의 사람들이 모여들었을 뿐이었지만 시간이 지날수록 더 많은 사람이 모였다. 약속한 10월이 되자 7만 명이나 되는 사람들이 모여들었다. 많은 사람들이 신비한 경험을 했다고 한다. 태양이 커지는가 싶더니, 빙글빙글 춤을 췄고, 형형색색 광선을 내뿜는 불덩이가 되었다고 한다. 몇몇 사람들은 태양의 기적이 자신을 치료했다고 말하고, 또 다른 사람들은 아무것도 보지 못했다고 주장했다. 이 사건은 신문을 통해 널리 알려졌다.

성모가 나타났던 장소에 성당이 세워졌다. 파티마 성당이다. 앞으로는 넓은 대리석 광장이 펼쳐지고 맞은편에도 성당이 들어섰다. 곳곳에 기도하는 성상과 십자가를 두었다. 건물마다 성물을 파는 가게가 성업 중이다. 성모가 나타났다는 소식이 있은 뒤 작은 시골 마을은 종교적 상징물로 가득 찼다.

주요 성지 순례일이라 광장에 사람들이 가득 찼다. 광장에는 여러 언어가 오간다. 한국어, 포르투갈어, 영어, 프랑스어, 독일어, 스페인어, 중국어, 일본어 등 여러 언어가 뒤섞인다. 신자는 아니지만 미사에도 참석했다. 파티마 성당에서는 시간대별로 정해진 언어로 미사를 드린다.

미사를 하는 동안 전 세계에서 온 사람들은 말이 필요 없었다. 정해진 순서에 따라 서고 앉으며 기도했다. 그 후 신부를 필두로 광장을 한 바퀴 돈다. 다양한 국적과 인종의 사람들이 뒤섞여 함께 걷는다. 혜성의 꼬리만큼이나 긴 사람의 행렬이 타원형의 궤도를 돌아 다시 성당으로 들어온다. 혜성만큼이나 아니, 그보다 더욱 멋진 광경이다.

파티마 성당 앞 광장에는 대리석으로 된 길이 하나 있다. 간절한 바람이 있는 사람들이 무릎을 꿇고 광장을 가로지른다. 기어가며 기도하면 그 소원을 들어준다고 한다. 한 부부가 그 길을 간다. 아내는 무릎을 꿇고 기어가고 남편은 아내가 넘어지지 않게 손을 꼭 잡고 걸어간다. 남편이 아내가 나아갈 길에 있는 자그마한 자갈을 치워준다. 그녀의 부모도 옆에 서서 함께 간다. 나도 그녀와 일정한 거리를 유지하며 따라갔다. 광장을 가로지르는 동안 그녀는 몇 번이나 멈추었고, 괴로워하면서도 기도를 잊지 않았다. 어머니는 땅만 보며 걸었고, 아버지는 팔짱을 낀 채 먼 산을 보며 뒤따른다. 이따금 차마 보지 못하겠다는 듯 얼굴을 찡그린다.

그녀는 기어서 먼 길을 갔다. 선걸음으로 600걸음이었다. 그 길을 가기 위해 그녀는 1000번이 넘게 무릎을 찧어야 했다. 도착하는 데 오랜 시간이 걸렸다. 지켜보기에도 긴 시간이었으니, 견뎌내는 사람이 느낄 시간은 오죽했을까? 그녀는 긴 시간을 온몸으로 받아냈고, 먼 길을 무릎으로 기었다. 광장 끝에 닿은 그녀는 남편을 안고 울었다. 남편이 다독여주었다. 뒤이어 아기를 업은 여인이 기어간다. 더 자주 멈추고 더 많이 괴로워한다. 아이는 자주 칭얼대고 여인은 그때마다 멈추어 아이를 달랜다. 그녀는 천천히 그러나 기어이 도착했다.

우리는 종교의 이름 아래 고통을 감내하는 순례자들을 자주 볼 수 있다. 많은 사람들이 파티마 성당 앞 광장에서 궤배(跪拜)를 하고, 820킬로미터에 이르는 산티아고 순례길을 직접 걷는다. 포르투갈 여행을 하며 10명이 넘는 순례자를 만났다.

이들은 왜 이 먼 길을 기어갈까? 개인적 깨달음을 위한 고행일까? 무엇인가 간절히 바라는 일이 있는 것일까?

> 우리는 대부분 다른 사람들을 오해한다. 네 마음을 내가 알아, 라고 말해서는 안 된다. 그보다는 네가 하는 말의 뜻도 나는 모른다, 라고 말해야만 한다. 내가 희망을 느끼는 건 인간의 이런 한계를 발견할 때다. 우린 노력하지 않는 한, 서로를 이해하지 못한다. 이런 세상에 사랑이라는 게 존재한다. 따라서 누군가를 사랑하는 한, 우리는 노력해야만 한다. 그리고 다른 사람을 위해 노력하는 이 행위 자체가 우리 인생을 살아볼 만한 값어치가 있는 것으로 만든다.[6)]

우리는 서로의 마음을 완벽히 알지 못한다. '네 마음을 내가 알아' 라는 말은 모두 거짓이다. 이 거짓을 진실로 만들어보기 위해 우리는 서로를 이해하려 노력한다. 사랑은 이해의 도구이자 종착지다. 사랑으로 이해하고, 이해하면 사랑한다. 소통의 불가능성과 사랑의 관계는 비단

NÃO TENHAIS MEDO

인간끼리의 관계에만 국한되지 않을 것이다. 우리는 신의 사랑 역시 이해하지 못한다. 성서나 경전으로 배울 때 사랑을 느낄 순 있지만 사랑의 크기를 정확히 짐작할 수는 없다. 신의 사랑을 이해하기 위해서도 노력이 필요할 것이다.

신의 사랑을 이해해보려는 인간의 노력은 여러 모습으로 나타난다. 그중 하나가 육체적 고통을 통해 소통하려는 고행이다. 우리가 타인과 가장 정확히 공유할 수 있는 감정은 통증, 그중에서도 육체적 아픔이다. 기쁨과 슬픔의 크기는 사람의 성격과 삶에 따라 다르게 느낄 수 있지만 육체적 아픔은 시대와 나이, 성별을 초월해 일관된다. 과거의 경험이 말해준다. 타인의 아픔을 보면 과거 비슷한 경험이 아릿하게 떠오른다. 신이나 성인들이 행했던 행동을 똑같이 하고, 감내해야 했던 고통을 함께 느끼며, 그 아픔의 크기만큼 사랑을 이해한다. 사랑 중 일부나마 고통을 통해 알아간다. 그 사랑은 우리가 겪은 아픔의 크기보다 훨씬 더 클 것이다.

파티마에는 믿음이 강한 신자들이 많이 찾는다. 그들은 파티마에서 기도하고 울고 웃는다. 신에게 기도로 다가가려는 사람, 고통으로 다가가려는 사람, 다가가며 느낀 감동이 너무나도 벅차 눈물을 흘리는 사람 등 많은 이들이 자신만의 방법으로 사랑을 이해하려 노력한다. 어떠한 노력을 하더라도 우리는 아마 신의 사랑을 온전히 이해하지 못할지도 모른다. 중요한 것은 정확히 이해했느냐가 아닌 이해하기 위해 끊임없이 노력한다는 사실이다. 사랑은 노력에서 피어난다.

햇볕 자글거리는 기사의 마을
토마르 Tomar

파티마에서 토마르로 가기 위해서는 지역 버스 회사의 차량을 타는 것이 좋다. 포르투갈을 거미줄처럼 이어주는 고속버스 회사 헤데익스프레스Rede-express가 가장 크고 유명하지만 북부, 중부, 남부에 각각 지역 버스 회사도 있다. 손님이 적은 시골 노선의 헤데익스프레스 버스는 하루에 한 대뿐인 데다가, 하루를 정확히 반으로 쪼개어 점심을 먹은 직후에 출발한다. 관광하기 좋은 오후 시간을 놓치기 십상이다. 멀지 않은 곳이라면 지역 버스 회사가 배차도 많고 시간대도 더 좋다.

시골 버스 터미널에서 버스를 타는 일은 긴장감의 연속이다. 종종 출발 시간이 늦어지고, 승차 라인도 바뀐다. 애먼 승강장에서 기다린 뒤 직원에게 애걸복걸해도 소용없다. 버스는 이미 떠났다. 출발 직전 안내인이 장내 방송을 하지만 포르투갈어를 모르는 외지인에겐 아무런 소용이 없다. 터미널 직원들에게 물어보아도 사람마다 말이 다르고, 같은 사람이라도 시시각각 변한다. 버스가 출발하기 직전까지는 아무도 알지 못한다. 이럴 때 가장 좋은 방법은 같은 버스를 타는 현지인들에게 말을 걸어 물어보는 것이다. 물론 그들도 버스가 출발하기 전까지 아무것도 모른다. 하지만 버스가 터미널에 도착하면 그들이 당신에게 알려줄 것이다. 혹여 당신이 자리를 잠시 비워도 당신을 찾으러 헐레벌떡 뛰어온다. 버스가 왔다 말하곤 웃으며 데리고 간다. 조금 늦어지고 타는 곳이 바뀌더라도 버스는 결국 온다.

버스는 한 줌의 사람들을 태우고 토마르로 출발한다. 길은 언덕과 언덕 사이를 나아간다. 강이 흘러가듯 굽이친다. 바위와 잡초로 이루어진 불모의 땅에도 마을들이 점점이 피어 있다. 길은 이들을 모두 감싸 안으며 뻗는다. 버스는 이 길 위를 나아간다. 서너 정거장에 한두 명꼴로 손님이 타고 내린다. 이런 손님을 위해 버스는 먼 길을 둘러 간다. 모든 사람을 데려가기 위해 버스는 토마르로 바로 가는 지름길을 몇 번이나 지나친다. 저 멀리 낮은 산들로 둘러싸인 분지에 포르투갈 특유의 붉은 지붕들이 고여 있다. 지붕골마다 햇볕이 자글거린다. 그 사이를 나방 강 Rio Nabão이 가로지른다. 토마르에 도착했다.

대부분의 사람들은 수도원을 보기 위해 이곳을 찾는다. 토마르의 수도원은 템플 기사단의 성채가 그 기원이다. 순례자를 보호하기 위해 창립된 기사단이다. 기사들은 흰 천에 붉은 십자가가 그려진 갑옷을 입고 싸웠다. 이슬람 세력으로부터 가톨릭 국가를 지키는 데 힘을 쏟았다.

그들은 이베리아 반도에서 무어인을 몰아내는 데 혁혁한 공을 세웠다. 초기엔 종교를 위해서 싸운 템플 기사단이지만 시간이 흐르자 점점 욕심이 생겼다. 참전과 승전의 보상으로 땅이나 성 또는 귀족 직위를 받았다. 이곳 역시 포르투갈 왕으로부터 하사받은 것이다. 이러한 방식으로 유럽 각국에서 힘을 키운 템플 기사단은 서로 연대해 세력을 강화했다. 14세기 초 강력한 힘을 가진 템플 기사단을 부담스럽게 느낀 프랑스 왕 필립 4세는 교황 클리멘트 5세의 도움을 받아 기사들을 박해하기 시작했다. 기사들을 체포하고 기사단의 재산을 빼앗았다. 포르투갈의 디니스 왕 역시 템플 기사단의 재산을 빼앗고 해산시켰다. 하지만 기사단을 완전히 없앤 것은 아니었다. 몇 년 뒤 그리스도 기사단이라는 이름으로 다시 설립하고, 왕의 지휘 아래 두었다. 템플 기사단의 힘과 재력은 포르투갈이 강대국으로 발전하는 밑거름이 되었다.

수도원은 마을 서쪽 언덕 위에 있다. 이제는 수도원이 되어버린 템플 기사단의 성채는 그 뿌리를 대변하듯 견고하게 세워져 있다. 가파른 포장길을 따라 올라가면 얼마 되지 않아 수도원이 보인다. 마을이 한눈에 내려다보인다.

성문을 통과하면 남쪽 출입구가 먼저 눈에 들어온다. 화려한 조각으로 가득 채운 문과 그 주변부는 앞으로 보게 될 건물의 서문(序文)과 같다. 정성이 깃든 바다 관련 장식에서 해양 국가 포르투갈의 자부심을 엿볼 수 있다. 눈길이 닿는 곳마다 장식과 조각이 있어 눈이 쉴 곳이 없다.

수도원은 크고 화려하다. 외벽 내벽 할 것 없이 모두 화려하다. 천장의 늑골 장식은 벨렘의 제로니무스 수도원과 비견된다. 그중 절정은 샤롤라Charola와 마누엘 양식의 창문이다. 샤롤라는 수도원 내부의 예배당이다. 샤롤라를 처음 보는 사람들은 화려함에 한 번 놀라고 구조의 기이함에 한 번 더 놀란다. 건물은 외부가 십육각형이고, 내부가 팔각형인 이중 구조다. 내부 팔각형에 높은 아치를 뚫어 각 꼭짓점의 기둥만 남겼다. 그 내부에 성상을 모셨다. 샤롤라의 둥근 구조는 예루살렘의 성묘 교회를 본떠 만들었다고 알려져 있다. 이 구조 덕분에 기사들은 말을 타고 들어와 예배를 볼 수 있었다. 샤롤라는 바닥에 비해 높이가 굉장히 높아 고딕 양식과 비슷한 느낌을 준다. 화려한 양식과 특이한 구조, 긴장감 높은 수직감이 어우러져 신비한 분위기를 자아낸다.

마누엘 양식의 창문은 수도원 건물 외벽에 있다. 토마르의 엽서 가게에는 이 창문을 찍은 엽서가 즐비하다. 창문 맞은편 발코니에 카메라를 든 사람들이 북적댄다. 창문을 찾는 일은 간단하다. 발길이 가장 잦은 방향을 따라 걸으면 된다. 창문은 수도원의 마누엘 양식을 가장 잘 보여준다. 가장 위쪽에는 기사단을 상징하는 십자가가 놓였고, 그 바로 아래 포르투갈 왕가 문장이 새겨져 있다. 배에서 흔히 찾을 수 있는 밧줄 모양으로 창문의 주변을 장식했다. 밧줄이 꿈틀거리듯 창문을 감싸고, 다른 밧줄과 만나 매듭을 만든다. 양 모서리에는 둥근 형태의 조각이 있다. 지구본을 본뜬 것이라고 한다. 군데군데 웃자란 이끼가 바다의 느낌을 더해준다.

수도원 곳곳에 정원이 있고, 정원마다 분수와 우물이 있다. 분수 바닥에 수북이 쌓인 동전이 햇볕을 받아 반짝거린다. 익숙한 풍경이다. 유로화만 있는 것이 아니다. 다양한 나라의 동전이 보인다. 나라에 관

계없이 사람마다 기원할 것이 있고, 그 방법 또한 크게 다르지 않은가 보다.

수도원은 커다란 미로와 같다. 구조도 복잡하고 크기도 커서 건물 안에만 들어가면 방향치가 되는 나로서는 힘겨웠다. 기억력도 좋지 않아 갔던 곳을 가고 또 갔으며 보는 방향마다 그 느낌이 달라 새로웠다. 그러다가 왔던 곳임을 알게 되면 민망해졌다. 그곳에 네 시간을 머물렀다. 돌고 또 돌아도 어딘가 아직 보지 못한 곳이 있을 것만 같아 찜찜했다. 수도원의 출구는 측면 외벽에 있다. 출구를 나서면 화려한 장식도, 엄숙한 분위기도 없다. 앞으로 출렁이는 산이 펼쳐진다. 나무와 햇볕만 가득하다. 방금 전까지 수도원에 있었다는 사실이 믿어지지 않는다. 비로소 수도원을 다 본 느낌이었다.

수도원에서 마을로 내려온 여행자는 사물의 변화에 적응할 시간이 필요하다. 수도원은 층고를 높이고 그 상단부에 창을 냈다. 길쭉한 기둥이 만드는 수직성과 높은 곳에서부터 내려오는 빛을 이용해 마치 하늘에 온 느낌을 준다. 이런 건물은 신의 권위를 보여주기엔 좋은 구조일지 모르겠으나 사람이 상주하기에는 적합하지 않은 구조다. 이에 반해 마을 건물들은 사람이 살기에 알맞은 크기다. 말하자면 휴먼 스케일이다. 대로변의 건물도 3층 높이를 넘지 않는다. 골목의 너비는 차 한 대와 사람이 마주 지나치기 족하다. 골목의 너비에 비해 건물이 높지 않아 골목에는 언제나 햇볕이 든다. 그늘 또한 아주 없지는 않아 햇볕이 수직으로 내리꽂는 한낮에도 한 토막 그늘을 찾을 수 있다.

마을의 건물들은 층고를 높여 건물 내부를 선선하게 만들었지만,

BTT Bike
BASIC

자그마한 사다리만 걸치면 충분히 손이 천장에 닿는다. 마을 성당에 들어서면 천장부터 바닥까지 모든 것이 한눈에 들어온다. 평온하고 아늑하다. 길과 길이 만나는 곳곳에 광장이 들어섰다. 사람들이 광장 주변에서 커피와 맥주를 마신다. 음식은 싸고 맛있다. 숙박 또한 다른 도시의 반값이다.

토마르의 유대교 회당은 현재 박물관으로 복원되었다. 1496년 마누엘 왕은 유대교를 금지하는 칙령을 내렸다. 칙령에 따라 유대교도들은 가톨릭으로 개종하거나 나라를 떠나야 했다. 많은 유대인들이 개종을 하지 않고 떠났다. 주인을 잃어버린 회당은 감옥이나 성당, 창고 등으로 쓰이다가 20세기 초반 박물관이 되었다. 10개도 되지 않는 유물이 전시되어 있다.

유대교 회당은 지금도 주인이 없다. 떠나간 유대인 후손 중 대부분이 다시 돌아오지 않았고, 돌아온 후손들은 다른 기도처를 만들었다. 검은 옷을 입은 유대인 할머니 한 분이 방문객을 기다린다. 박물관의 안내와 관리를 맡고 있다. 안으로 들어서는 나를 발견하고는 자신은 영어를 못한다며 미안해한다. 괜찮다고 웃으며 나 역시 포르투갈어를 못한다고 하니 크게 웃으신다. 그냥 보내긴 아쉽다며 박물관 설명을 해주겠다고 한다. 물론 포르투갈어였다. 전시된 유물들과 건물 구조를 설명해주었다. 빠르게 말할 때는 온몸을 크게 휘둘러 설명하고 천천히 말할 때는 내 눈을 지그시 바라보았다. 할머니의 눈은 선대로부터 내려온 문화에 대한 자긍심으로 빛났다. 신기하게도 나는 할머니가 하는 모든 설명을 알아들었다. 유물의 쓰임과 역사, 회당 구석마다 박아놓은 항아리의 용도를 이해하고 되물었다. 나는 영어로 묻고 할머니는 포르투갈어로 답했다. 서로가 막힘없어 신명 났다. 잘 알아들으니 오랜 시간이 걸리지도 않았다.

나는 아직도 이 날의 신비와 신명을 생생히 기억한다. 여행 중 포르투갈어를 가장 편히 알아들은 날이었다. 외지인에게 지혜와 전통을 알려주겠다는 할머니의 사명이 기적을 만든 것은 아니었을까?

내가 유대교 회당에서 빠져나올 때 할머니는 의자에 다시 앉았다. 아무런 행동도 취하지 않고 유물들을 바라본다. 열 평도 되지 않는 박물관에서 다른 방문객을 기다린다. 박물관을 찾는 이들은 많지 않으며 아예 없는 날도 있다고 한다. 할머니는 오래된 유적을 눈길로 쓰다듬으며 기다린다. 방문객이 들어서면 의자에서 일어나 수줍은 미소로 반길 것이다. 빛나는 눈으로 모든 것을 설명할 것이다. 할머니는 박물관을 오래도록 지킬 것이다.

수도사들의 숨결이 깃든
알코바사 Alcobaça

토마르가 기사들이 건설한 도시라면, 알코바사는 수도사들이 틀을 잡은 도시다. 먼 옛날 시골 마을에 큰 수도원이 세워졌다. 이후 이곳의 삶과 역사는 수도원을 중심으로 흘러갔다. 알코바사는 유명한 관광지가 많지 않다. 도시 중앙에 수도원이 있고, 도시의 매력은 그 주변에 응집되어 있다.

알코바사라는 지명의 유래에는 두 가지 설이 있다. 어떤 이들은 알코 강과 바사 강 사이에 위치한 지리적 조건 때문에 알코바사라고 부르기 시작했다고 한다. 또 어떤 이들은 무어인이 살던 시대부터 '알코바사'라고 불렀다고 말한다. 'Al'로 시작하는 중동의 수많은 도시들이 이를 뒷받침하는 듯하지만 알코바사의 지명은 로마 시대부터 이어져 왔다. 오랜 세월 동안 수계(水系)가 바뀌었는지 현재 알코바사에는 알코바사 강 하나만이 남에서 북으로 흐른다. 도시를 감싼 두 개의 강이 실제로 존재했는지는 알 수 없다. 두 가지 설 모두 명확하지 않다.

수도원은 강의 동쪽에 자리 잡았다. 이곳은 12세기 중엽 포르투갈의 첫 번째 왕, 아폰수 엔리케의 명에 의해 지어졌다. 산타렘 전투의 승리를 기념하기 위해서였다. 시토회Cistercian가 건축과 관리를 맡았다. 수도원과 주변의 넓은 땅을 하사받은 시토회는 999명의 수도사를 상주시켰다. 몇 개의 조를 이루어 교대로 미사를 열었다. 24시간 내내 미사가 열리지 않는 시간이 없었다고 한다. 수도사들은 세속적인 일에도 힘을 쏟았다. 농업, 토기 제작, 조각 등에 관심을 가졌다. 그 전통이 현재까지 이어져 이들 모두 알코바사의 특산물이 되었다.

수도원의 정면은 성당 좌우에 날개를 덧댄 모양이다. 성당의 정면은 바로크 양식의 교과서라 할 수 있다. 정면은 곡선으로 구불구불 말려 있다. 중앙에는 둥근 장미창을 두었다. 양쪽으론 종탑이 우뚝 섰다. 빈자리마다 성인상을 조각해 올려놓았다. 성당 양옆으로 익랑(翼廊)이 길게 이어져 수평적 안정감을 더한다. 하지만 내부는 외부와 또 다른 느낌을 준다. 폭이 좁고 높이가 높은 고딕 양식이다. 내부는 천장을 받치는 기둥에 의해 세 부분으로 나뉘는데, 기둥이 굵고 간격이 좁아 중앙 회랑에 서면 양옆 공간이 보이지 않는다. 기둥의 윗부분이 아랫부분보다 더 굵어 기둥이 천장을 가볍게 들고 있는 것처럼 보인다. 건물이 실제보다 더 높게 느껴진다. 성당은 한쪽이 길게 뻗은 십자가 형상이다. 좌우로는 창문을 절제하고 끝에 큰 창문을 내어 성상으로 가는 길은 실제보다 길어 보인다. 높고 긴 통로 끝에 모든 시선이 집중되고 그 중심에 성상을 두었다.

양쪽의 익랑에 석관이 한 개씩 놓여 있다. 바로 이네스 왕비와 페드루 왕의 무덤이다. 이 두 사람의 이야기는 포르투갈에서 가장 유명하고 애절한 러브스토리다. 페드루 왕자는 아버지 아폰수 4세의 권유로 스페인 공주와 정략적 결혼을 했다. 하지만 그의 마음을 빼앗아간 여인은 스페인 공주인 콘스탄자가 아닌 함께 온 시녀 이네스였다.

서로 마음을 키워가던 중 콘스탄자가 사망하자 페드루 왕자는 이네스에게 구애하고 공개적으로 결혼을 추진했다. 포르투갈이 스페인 내의 세력 다툼에 말려들 것을 우려한 아폰수 4세는 이 결혼을 허락하지 않았다. 그럼에도 왕자의 요청이 계속되자 왕은 이네스를 암살할 것을 명했다. 그녀는 코임브라에서 암살당했다. 하지만 이미 그들은 몰래 사랑을 나눠 네 명의 자녀를 둔 상태였다. 페드루는 복수의 칼날을 갈았다. 2년 뒤 왕위에 오른 후 복수가 시작되었다. 왕은 이네스를 암살한 범인을 죽이고 심장을 도려냈다. 이네스의 시체에 왕관을 씌우고 왕비임을 공포했다. 신하들에게 죽은 왕비의 손에 키스함으로써 충성을 맹세할 것을 명했다.

이네스 왕비와 페드루 왕은 이곳에 함께 묻혔다. 원래 나란히 있던 둘의 석관은 나중에 각각 양쪽의 익랑으로 옮겨졌는데, 석관은 서로 마주보고 있다. 두 사람이 다시 살아나 일어서면 맨 처음 서로를 보기 위해 석관을 마주보게 놓았다고 한다.

석관에는 각각의 생애와 사랑을 조각한 상으로 장식되어 있다. 둘의 러브스토리는 많은 관광객을 불러 모은다. 석관 앞에는 카메라를 든 사람들이 몰려 있다. 연인들이 손을 잡고 석관 주위를 돌며 속삭인다.

성당 초입의 왼쪽에 수도원으로 들어가는 입구가 있다. 수도원 내부에는 역대 포르투갈 왕의 입상으로 가득 찬 왕의 홀, 가구들이 절제된 단출한 기숙사, 잘 꾸며진 정원 등이 있다. 그중에서도 부엌과 회의장이 관심을 끈다.

부엌에 들어서면 이곳에 999명의 수도사가 상주했다는 사실이 믿어진다. 희고 푸른 타일로 둘러싸인 부엌은 굉장히 크다. 엄청난 높이의 굴뚝이 가장 먼저 눈에 띈다. 1미터 높이에서 시작된 굴뚝은 20미터가 넘는 천장을 뚫고 올라가 하늘에 닿는다. 밑면 또한 넓어서 굴뚝 안에 수십 명이 들어가고도 공간이 남을 정도다. 바로 옆에 강이 있어 물고기를 쉽게 구할 수 있고, 농업에 힘써 곡식이 많았던 수도원에는 항상 먹을 것이 풍족했다고 한다. 이들의 축제는 1834년 수도회가 해체되면서 끝이 났다.

회의장에 들어서자마자 궁륭의 쐐기돌을 찾아 그 밑에 앉아보았다. 주제 사라마구의 책에 소개된 한 건축가의 이야기가 생각났기 때문이다. 아폰수 도밍구스는 수도원 회의장의 건축을 담당한 건축가였다. 공사가 끝나고 궁륭을 받치던 부재들을 떼어내려 하자 몇몇 귀족들은 회의장이 무너지지 않을까 걱정했다. 궁륭은 정밀한 계산과 기술이 필요한 최첨단 건축술이 반영되었다. 귀족들의 걱정에 자존심이 상한 그는 가만히 걸어가 궁륭의 쐐기돌 밑에 앉았다. 그러곤 부재를 치우라 명했다. 귀족들의 걱정과 달리 궁륭은 무너지지 않았다. 그는 살아서 나왔다. 귀족들에게 다가가 말했다.

"궁륭은 무너지지 않았고, 앞으로도 무너지지 않을 것이다."[7)]

아폰수 도밍구스는 자신의 계산에 착오가 없었다고 자신했던 듯하다. 하지만 궁륭 설계는 계산만 맞는다고 무너지지 않는 것이 아니다. 돌을 다듬고 쌓는 기술 또한 중요하다. 조그마한 틈이 생기거나 각도가 틀어지면 궁륭은 여지없이 무너진다. 그는 그 틈에 목숨을 걸었다. 자신의 계산을 확신하고 함께 일한 장인들을 믿었다.

사라마구의 책은 많은 사람들이 쐐기돌 밑에 앉아 그 일화를 생각한다고 전한다. 수도원에 있는 동안 쐐기돌 밑에 앉아 그를 생각하는 사람은 나뿐인 듯했다. 다들 회의장 한복판에 앉아 생각에 잠긴 이방인이 이상한 듯 힐끗 쳐다볼 뿐이다. 사라마구의 책은 1990년에 집필되었다. 많은 시간이 지났다.

수도원 정면에는 삼각형 모양의 광장이 있다. 광장을 따라 맛있는 식당과 기념품 가게들이 모여 있다. 점심때 한 식당에서 닭 스튜를 먹었다. 닭과 채소를 소스에 넣어 오랫동안 끓인 요리가 뚝배기와 비슷한 도자기에 나온다. 많은 열을 저장하고 또 천천히 내보내 음식이 오래도록 따뜻하다. 생김새와 재질이 특이해 웨이터에게 물어보니 알코바사 특산 도자기라 답한다. 이 도자기들 또한 수도사들이 남긴 기술일 것이다. 알코바사 곳곳에서 수도원을 그린 그림을 팔고, 엽서를 판다. 수도원에 관한 책을 팔고, 수도사들이 만든 요리법으로 손님을 맞는다. 많은 이들이 수도원을 보기 위해 알코바사를 찾는다. 시토회는 해체되었지만 알코바사에는 아직도 수도사들이 남긴 숨결이 자리한다.

작고 아름다운 전통
아줄레주Azulejo

포르투갈에서는 타일로 장식된 건물을 쉽사리 발견할 수 있다. 자그마한 과장을 보태자면 한 집 건너 한 집마다 타일이 붙어 있을 정도다. 하얀 바탕에 하늘색으로 문양을 넣은 산뜻한 타일부터 노랗고 빨간 원색의 타일까지 그 색도 다양하다. 같은 문양의 타일이 한 벽면 가득 반복되어 건물은 융단을 깔아놓은 듯 아름답다. 건물마다 무늬와 색감이 달라 이를 구경하는 일 역시 거리를 거니는 색다른 재미다.
이 타일들이 바로 포르투갈 전통 공예 아줄레주다.
아줄레주Azulejo는 '작고 아름다운 돌'이라는 아랍어 'Al Zulaij'에서 유래되었다. 16세기 초에 받아들인 무어인들의 타일에 포르투갈 고유의 색채를 더하며 전역으로 퍼져나갔다. 현재 포르투갈에서는 건물 외벽은 물론 기차역과 성당, 심지어는 가게 간판과 도로 이름까지 아줄레주로 꾸며놓았다. 옛 왕들의 업적을 기린 역사화나 성경의 한 장면을 그린 성화들은 어김없이 아줄레주로 만들었다. 이들의 아줄레주 사랑은 끝이 없어 보인다.
리스본 지하철역도 아줄레주로 유명하다. 지하철역마다 독특한 작품을 만날 수 있다. 포르투의 상벤투São Bento 기차역과 알마스 예배당Capelo das Almas, 카르무 성당의 아줄레주 역시 아름답다. 알파마나 바이후알투 인근의 가게에서 주인이 직접 만든 예쁜 아줄레주를 구입할 수 있다.

Desentop

Cantinho
Lord Byron

초승달 모양의 아름다운 해변
나자레 Nazaré

어스름이 채 물러가지 않은 토요일 이른 아침, 뾰족한 뱃머리를 앞세운 전통 선박들이 바다를 향해 나아간다. 뭍에서 가져온 긴 그물로 바다에 포물선을 그리고, 양 끝을 해변에 올려놓는다. 다시금 그림자가 길어지는 오후 4시가 되면 온 마을 사람들이 몰려나와 그물을 당긴다. 거대한 그물이 조금씩, 조금씩 뭍으로 당겨져 올라온다. 소떼들도 힘을 보탠다. 관광객도 달려든다. 한 덩어리가 되어 뒤엉켜 잡아끈다. 거대한 그물 가득 색색의 물고기가 펄떡거리고, 잡힌 물고기는 즉석에서 경매에 붙여진다. 축제다. 전통 고기잡이 축제다.

관광안내소 직원은 내가 하는 말을 알아듣지 못했고, 나는 내가 처한 상황을 이해하지 못했다. 이해하려는 대상은 서로 달라도 소통되지 않는다는 상황이 같았기 때문에 우리는 두 눈을 동그랗게 뜨고 서로 같은 말만 반복했다. 되풀이하고, 찡그리고, 갸웃거렸다. '전통 고기잡이 축제'라는 말을 몇 번이나 되풀이하다 지쳐 가이드북을 직원 눈앞에 대고 보여준 뒤에야 직원은 내가 무엇을 원하는지 눈치 챘다.

"우리 도시에 이런 축제는 없다."

오랜 시간을 들여 소통한 결과물이라기엔 너무나도 짤막한 대답이었다. 그 말만 하고 다시 고개를 숙여 컴퓨터를 만지작거리는 직원이 야속했다. 하지만 더 중요한 문제는 몇 마디 되지 않는 답변도, 고개 숙인 직원의 무뚝뚝한 정수리도 아닌 전통 고기잡이 축제가 없다는 사실이었다.

정말이지 마른하늘에 날벼락이 아닐 수가 없었다. 가이드북에는 분명 5월과 6월 중 매주 토요일마다 전통 고기잡이 축제를 볼 수 있다고 적혀 있었다. 정확하고 간결한 글자체로 또박또박. 간혹 틀린 정보가 있다는 사실은 알았지만 이렇게 참혹한 결과가 나타날지는 상상조차 하지 못했다.

내가 꿈꾸어온 축제는 없었다. 머릿속 그물이 찢어지고 물고기들이 도망갔다. 토요일을 나자레에서 보내기 위해 불편함을 감수하고 먼 길을 돌아 이곳에 왔다. 출발하기 전 10번도 넘게 계획을 바꿔댔지만, 이 토요일만은 절대로 바꾸지 않았다. 가장 기대하는 도시였다. 가이드북을 철석같이 믿었다. 내가 망연자실해 멍하니 서 있자 직원은 고개를 들어 위로를 해주었다.

"뭐, 낚시라면 날씨 좋은 날 낚싯대만 드리우면 되니 하렴."

자신의 말이 끝나기도 전에 재빨리 고개를 숙여 직원은 마치 정수리로 이야기하는 사람 같았다. 너무 아파 죽을 것만 같다고 이야기했더니 죽지는 않을 것이라며 어깨를 두드려주는 기분이었다. 이런 위로 앞

에서는 웃을 수밖에 없다. 허허허 웃으며 밖으로 나왔다.

먼저 방을 구해야 했다. 나자레에는 호스텔이나 거대한 프랜차이즈 호텔이 없다. 숙박을 위해서는 현지 민박이나 작은 호텔을 이용해야 한다. 버스 터미널이나 관광지는 물론 좁은 골목이나 모퉁이에도 전통 의상을 입은 할머니들이 앉아 호객 행위를 한다. 익숙한 풍경이다. 구석구석 방을 빌려준다는 입간판이 보인다. 식당에도 있고, 슈퍼에도 있다. 관광객이 빠져나간 비수기의 나자레는 썰물이 빠져나간 갯벌처럼 구멍이 송송 나 있을 것만 같다는 생각을 했다.

민박을 구하기 위해 가장 먼저 해야 할 일은 흥정이다. 배낭을 메고 지나가면 할머니들이 몰려와 붙잡는다. 처음에는 1박에 40유로에 가까운 돈을 제시하는데, 손가락을 접고 펴며 흥정을 하다 보면 숙소 가격은 반 토막 난다. 가격을 흥정했다고 모든 일이 끝나는 것은 아니다. 할머니를 따라 막상 숙소에 가보면 시설과 위치와 전망이 모두 설명과 다르다. 5분 거리는 어느새 10분이 되어 있고, 바다가 보인다던 창문 앞에는 건물이 들어섰다. 마음에 들지 않으면 이야기를 하고 나오면 된다. 하지만 몇 번을 돌아다녀도 같은 가격이면 결국 엇비슷한 방을 보게 된다.

숙소를 정하고 나자 비로소 마을 모습이 눈에 들어왔다. 나자레의 해변은 내륙으로 오목하게 들어와 있다. 둥그런 해안선을 따라 모래사장이 펼쳐지고, 그 뒤로 하얀 페인트를 뒤집어 쓴 건물들이 즐비하다. 건물과 바다 사이에 모래사장이 초승달 모양으로 끼어 있다. 건물 뒤로 높은 절벽이 병풍처럼 서 있다. 건물과 건물 사이 좁은 골목에는 빨래가 널려 있다. 바닷가 마을답게 생선을 파는 식당이 많아 좁다란 골목에 생선 굽는 냄새가 한가득이다.

나자레의 할머니들은 대부분 전통 의상을 입는다. 위로는 레이스가 달린 블라우스에 아래는 펑퍼짐한 주름치마다. 치마는 발목과 무릎 중간까지 온다. 블라우스를 치마 안으로 넣고 치마에 달린 끈으로 앞치마처럼 동여맨다. 두건을 두르고, 큼지막한 금 귀걸이를 한다. 주름치마 앞에는 큰 주머니가 두 개 달려 있어 이곳에 돈을 보관한다. 같은 옷을 입고 같은 일을 하는 할머니들은 체형도 닮아가는지 전통 의상을 입은 할머니들은 모두 비슷해 보인다. 이들은 생선이나 견과류를 판다.

시티우Sítio는 나자레 북쪽 절벽 위에 자리 잡은 오래된 마을이다. 먼 옛날 지금의 나자레는 바다였다. 시티우 사람들은 절벽을 오르내리며 물고기와 조개를 잡았다. 절벽이 침식되고 모래가 퇴적해 바다는 육지가 되었다. 그 땅이 현재의 나자레다. 육지가 형성되었어도 사람들은 그곳에 살지 못했다. 낮은 땅은 바다로 나아가기 좋았지만 바다에서 들어오기도 좋았다. 사람들은 해적을 피해 절벽 위에 살았다. 17세기 해적의 세력이 쇠퇴하자 사람들은 나자레에 마을을 만들었다.

전동차가 시티우와 나자레 사이 절벽을 오르내린다. 가파른 절벽을 애벌레처럼 올라간다. 그 오른쪽으로 걸어서 갈 수 있는 도로도 있다. 시티우에 오르면 나자레가 한눈에 들어온다. 바다와 마을이 만든 초승달 해변이 확연히 드러난다.

초승달의 꼭짓점과 시티우가 만나는 절벽 바로 위에 작은 기도처

가 있다. 푸른 아줄레주로 덮인 모습이 눈길을 끈다.

돔 푸아스 호피뉴Dom Fuas Roupinho는 12세기 말 나자레 지역의 귀족이다. 1182년 11월 14일 안개 낀 아침, 푸아스는 사슴을 쫓고 있었다. 시티우 곶 절벽으로 도망치던 사슴은 순식간에 사라졌다. 빠른 속도로 말을 몰던 푸아스는 미처 멈출 틈이 없었다. 위기의 상황, 그는 성모에게 간절히 기도를 했다. 그 기도가 전해졌기 때문일까? 그는 절벽 바로 앞에서 기적적으로 멈추어 섰다. 성모에 대한 감사함으로 그곳에 기도처를 만들고 기억의 집Hermida da Memoria이라 이름 붙였다. 이곳은 순례지가 되어 많은 사람들이 찾았다. 바스쿠 다 가마도 이곳에 왔었다고 전해진다. 기억의 집 내부에 그 당시 상황을 그린 아줄레주가 있다.

나자레는 해산물 요리가 유명하다. 바로 앞바다에서 잡아 올린 생선들은 싸고 싱싱하다. 대로변뿐만 아니라 작은 골목마다 식당이 성업해 어느 식당에서 식사를 할지 고르는 일이 나자레 여행에서 가장 어려운 일과다. 추천받은 식당에서 늦은 점심을 먹었다. 도미튀김과 와인을 주문했더니 샐러드와 밥, 감자튀김이 같이 나왔다. 도미튀김의 겉은 바삭하고 속살은 촉촉했다. 와인도 가격을 믿을 수 없을 만큼 좋았다. 아침부터 돌아다니느라 너무 배고팠던 나는 정신없이 먹어댔다. 샐러드 한 입, 감자튀김 한 개, 도미 한 조각, 와인 한 모금, 다시 밥 한 숟가락. 쉴 틈 없이 먹었다. 웨이터가 신기한 듯 쳐다봤다. 이따금 지나가며 맛있냐고 물어온다. 잠깐 엄지를 치켜들고는 다시 먹는 데 열중했다. 꽤나 먹었다는 생각이 들고 주변을 돌아볼 여유가 생겼을 즈음 내 접시엔 새우 머리 두 개만이 덩그러니 남아 있었다. 만족스러운 미소를 지으며 남은 와인을 홀짝였다.

손님의 반응을 살피러 나온 주방장이 배를 내민 채 와인을 홀짝이던 나를 보았다. 나를 보고 접시를 보았다. 외로이 놓인 새우 머리를 보고 다시 나를 보았다. 주방장이 웃었다. 왜 웃는지 이유는 알 수 없지만 일단 따라 웃었다.

"난 지금 이 모습이 너무나 좋아!"

주방장이 큰 소리로 외쳤다. 좁은 가게에 주방장의 목소리가 쩌렁쩌렁 울려 퍼졌다. 주변 사람들이 일제히 주방장을 쳐다봤다. 주방장이 잠시만 기다리라 하더니 아껴놓은 포트와인과 잔 두 개를 들고 내 앞에 앉는다. 주방장 한 잔, 나도 한 잔. 주변 손님들에게도 권한다. 주방장이 한국에서는 술잔을 부딪치며 무엇이라 외치는지 물어와 '건배!'를 알려주었다. 주방장이 나에게 "건배!" 했다. 나도 "건배!" 했다. 주방장은 다른 사람에게도 '건배' 하기를 요청했다. 옆 테이블에 있던 사람들도, 저 멀리서 맥주를 마시던 아저씨도, 와인을 먹던 연인들도 식당 안 모든 사람이 서로서로 눈을 보며 "건배!" 했다. 물컵을 든 어린아이들도 동참했다. 와인 한 잔을 먹기 위해 나는 다섯 번이 넘는 '건배!'를 외쳐야 했다. 한동안 식당에 '건배'가 울려 퍼졌다.

내가 식당에 들어섰을 때 이미 늦은 점심시간이었던 터라 더 이상의 손님은 오지 않았다. 일이 없던 주방장은 나와 긴 이야기를 나누었다. 그간 나의 여행과 앞으로 남은 일정들, 나자레의 구경거리, 한국의 음식에 대해 이야기했다. 지역마다 꼭 먹어봐야 할 음식도 추천해주었

다. 내가 주제 사라마구를 좋아하고 그의 책을 읽고 포르투갈 여행을 결심했다고 말하자, 그는 자신의 영웅은 페르난두 페소아라고 말했다. 이야기는 두 작가의 작품으로 이어졌다. 포르투갈인 삼촌이라도 생긴 듯 편안했다.

내가 길을 나서려 하자 주방장은 골목 밖까지 나와서 배웅해주었다. 크고 따뜻한 손으로 내 손을 감싸 쥐고는 오랫동안 놓지 않았다. 무엇이라도 선물로 주고 싶은 마음에 주머니를 뒤졌더니 한국 동전이 하나 나왔다. 주방장의 손에 동전을 쥐어주며, 한국의 동전이고 감사의 선물이라 이야기했다. 동전을 꼭 쥔 손을 가슴 바로 앞에 대며 평생 간직하고 기억하겠단다. 동전은 100원짜리였다. 금액보다 중요한 것은 마음이다. 아마도 그럴 것이다.

축제에 대한 미련을 버리지 못해 바닷가로 나가보았다. 할머니들이 잡은 고기를 말리고 있었다. 할아버지들은 사용한 그물에 구멍이 난 곳은 없나 살펴보고 있었다. 웃통을 벗은 아이들이 맨발로 공을 찼다. 넘어지고 헛발질할 때마다 한바탕 웃음이 일었다. 갈매기 한 마리가 하늘을 가로질렀다. 혹시나 해서 가본 토요일 오후 네 시의 나자레 바다는 평온했다. 비록 전통 고기잡이 축제는 찾아볼 수 없었지만 아름다운 해변과 그 속에서 숨 쉬는 더 아름다운 사람들이 있었다.

활기 넘치는 대학 도시
코임브라 Coimbra

별일 아니라는 듯 웃고 있었지만, 실은 정말이지 울고 싶은 심정이었다. 주머니엔 7유로뿐인데 현금 인출기는 내 카드를 자꾸만 거부했다. 여러 곳을 옮겨 다니며 시도했지만 결과는 똑같았다. 이유도 알 수 없었다. 당장 오늘 숙박비조차도 부족했다. 유스호스텔 직원에게 사정을 이야기하고 잠시 배낭을 부탁했다. 돈을 찾게 된다면 숙박하겠다고 말했다. 부탁하는 입장이니 지금 내 상황은 별일 아니라는 듯, 금방 해결된다는 듯 싱긋 웃어야 했다.

은행을 직접 찾아가기라도 할까 알아봤더니 지점은 리스본에만 있었다. 적은 돈이나마 남겨두어야 하니 밥을 먹을 수도 없었다. 골목 제과점과 길가 식당에서 맛있는 냄새가 풍겨왔다. 갈 곳이 없어 골목 계단에 앉아 강을 바라보았다. 쉴 틈 없이 머리를 굴려봤지만 방법은 없었다. 우울한 망상만 가득했다. 현금 인출기는 여전히 작동되지 않았다. 속으로 '180번'을 수없이 되뇌었다. 힘든 일이 있을 때마다 나는 180번을 되뇐다. 예전에 읽은 한 소설에서 나온 이야기다. 실의에 빠진 손자에게 할아버지가 한 책을 보여주었다. '인간의 수명이 70살이라고 할 때, 우리는'이란 짤막한 글이었다. '127500번의 꿈을 꾼다. 3000번 운다. 540000번 웃는다. 50톤의 음식을 먹는다' 따위의 통계가 줄지어 나열되었다. 그리고 할아버지는 '웃는' 숫자를 '우는' 숫자로 나눈다.

540000÷3000=180

소설 속 할아버지의 말은 이어진다.

우리가 살아갈 수 있는 까닭은 이 180이라는 숫자 때문이다. 인간만이 같은 종을 죽이는 유일한 동물이라는 걸 알아야 한다. 하지만 그럼에도 인간만이 웃을 줄 아는 유일한 동물이라는 것도 알아야 한다. 180이라는 이 숫자는 이런 뜻이다(…). 이 사실을 절대 잊어버리면 안 된다.[8)]

인간이란 종은 희망을 버리지 않는 한 더 자주 웃게 되어 있다. 한 번의 눈물을 이겨내면 180번의 웃음이 찾아온다. 우리는 이 사실을 알고 있을지도 모른다. 배우지 않아도 이미 알고 있기에 좌절하고 절망해도 밤새도록 울며 버텨낸다. 한 번만 이겨내면 180번을 웃을 수 있는 세상이다.

어느새 해가 서쪽으로 제법 기울었다. 별 수 없이 노숙을 결심하며 유스호스텔로 돌아가던 길에 현금 인출기가 하나 보였다. 마지막 시도라는 생각으로 카드를 넣었다. 어찌 이럴 수가? 조금 전까지 오류 메시지만 나타나더니 금세 돈이 인출되었다. 너무나도 행복했다. 평소보다 많은 양의 피가 심장에서 뿜어져 나오는 기분이었다. 현금 인출기에서 나온 돈을 세고 또 세었다. 그 자리에서 열 번은 웃은 것 같다. 돈을 꼬깃꼬깃 접어 넣고는 식당으로 달려갔다. 혼자서 2인분은 될 법한 음식을 시켰다. 와인에 후식까지 순식간에 해치웠다. 내 수명이 70살이라고 할 때, 나는 50톤이 훨씬 넘는 음식을 먹을 것만 같은 저녁이었다.

코임브라는 대학의, 대학에 의한, 대학을 위한 도시다. 1537년 주앙 3세는 코임브라 궁전을 대학으로 개조하고 저명한 학자들을 초청했다. 포르투갈 최초의 대학이었다. 코임브라 대학의 학생들은 전통과 명성에 큰 자부심을 가진다. 이 자부심의 절정은 파티우 다스 스콜라Pátio das Escola와 구 도서관Biblioteca Joanina이다. 옛 대학 건물로 통하는 입구인 페레아문을 지나면 한 면이 강변으로 탁 트이고, 세 면은 고풍스러운 건물이 감싸 안은 광장이 나온다. 이 광장이 파티우 다스 스콜라다. 학기 중이면 책을 한 아름 들고 바삐 걷는 학생들로 가득하다고 한다.

방학 기간이라 학생들을 볼 순 없었다. 학생들이 빠져나간 학교를 관광객들이 메우고 있다. 코임브라 대학의 전통 복장을 입은 몇몇 학생들이 학교를 홍보하는 사진첩과 동영상이 든 CD를 팔며 후원금을 모금하고 있다. 남학생은 하얀 와이셔츠에 넥타이를 매고 검은 정장에 검은 망토를 입고, 여학생은 바지 대신 검은 치마에 스타킹을 신고 검은 망토를 입었다. 중세 느낌이 물씬 나는 옷차림을 한 학생들이 오래된 건

UNIVERSIDADE
DE COIMBRA
ALTA E SOFIA
MEDICINAL
D. DINIS

1.2.3.4 AGOSTO 2013
STEVE BUG MATADOR
D-NOX & BECKERS FORMAT:B
MAX COOPER KHAINZ
GREGOR TRESHER GLITTER
BORIS BREJCHA AVROSSE
PERFECT STRANGER SQL
AHMET SENDIL DEMA
KAMALHÃO
MATA RATOS
ABOMINAVEL
LAZY LIZARD
FIGHT TODAY
THE YEAR
MR. MIYAGI
ASHISAROBOT
P.N.K.
QUARTA
19-JUNHO
11 JUNHO
COIMBRA
TEATRO ACADÉMICO DE GIL VICENTE
CONCERTO
COMEMORATIVO DOS
500 ANOS
15 JUNHO
urbicult
urbicult

물 사이를 돌아다니면 해리포터의 마법학교에 온 듯한 착각이 든다.

파티우 다스 스콜라의 중앙에 설립자 주앙 3세의 동상이 서 있다. 그의 왼편에 있는 건물이 구 도서관이다. 구 도서관은 왕가에서 수집한 서적들을 전시한다. 희귀한 고서와 초판본들이 많아 보존에 각별한 신경을 쓴다. 관람객을 맞이하는 문은 20분에 한 번 열린다. 사진 촬영도 금지된다. 도서관은 중앙이 뚫린 2층 구조로 방 세 개가 연결되어 있다. 한 층이 4미터 정도의 높이다. 위쪽 책을 꺼내려면 사다리를 놓고 올라가야 한다. 책장은 중국풍의 그림으로 꾸며져 있다. 그 당시 포르투갈 식민지였던 마카오 미술에서 영향을 받았다고 한다. 각 방마다 적색, 청색, 녹색으로 각기 다르게 채색을 했는데 시간이 많이 흘러 지금은 세 방 모두 검푸르다.

지하 1층은 깔끔하고 단출했다. 꾸밈없이 책장만 늘어선 모양새가 현대의 도서관과 흡사하다. 일반 시민들이 편히 공부할 수 있던 공간이라 한다. 지하 2층은 학생 감옥이다. 학업에 성실하지 않거나 대학의 권위를 존중하지 않은 학생들을 이곳에 가두었다. 감옥과 강의실 사이에는 곧바로 연결된 통로가 있는데, 종이 울리면 교도관이 학생을 데리고 이 길을 통해 수업에 참석시켰다고 한다.

학기 중에 오지 못한 것이 못내 아쉬웠다. 학기가 시작되면 학생들이 북적대는 젊은 도시가 된다. 그중에서도 가장 열정적인 시기는 5월 첫 번째 주다. 졸업식이 열리는 매년 5월 초 일주일 동안 도시는 축제에 흥청거린다. 학생들은 떼 지어 다니며 즐기고 마시며 열광한다. 코임브라 대

학의 졸업 축제, '퀘이마 다스 피타스Queima das Fitas'다. 직역하자면 '리본 태우기 축제'인데, 축제 기간 동안 학생들이 교복에 매던 색색의 리본을 태우며 졸업을 자축한다고 붙여진 이름이다. 리본의 색은 학생들의 전공을 나타낸다. 늦은 밤 학생들은 세 벨랴 앞 광장에 모여 파두를 부른다. 광장은 교복을 입은 학생들로 가득 찬다. 노래를 부르며 학교생활을 추억한다. 포르투갈의 여러 맥주 공장에서 맥주를 공짜로 제공하고, 병원은 혹시 모를 부상자를 위해 만반의 준비를 한다.

코임브라는 대학 도시답게 음식이 싸고 푸짐하다. 식당에서는 1인분과 2분의 1인분을 나누어서 판다. 평범한 위를 가진 사람이라면 2분의 1인분으로도 한 끼 식사가 충분하다. 2분의 1인분이면 구운 닭 반 마리와 수북한 감자튀김이 나온다. 가격도 겨우 4유로, 우리 돈으로 6000원 정도다. 양이 적은 사람은 다 먹지 못한다. 유명한 식당을 가도 가격이 대부분 10유로를 넘지 않는다. 숙박비 또한 저렴해서 코임브라는 오래 머물며 여독을 풀기 좋다.

코임브라는 리스본만큼이나 파두가 유명하다. 코임브라 파두는 리스본 파두와 사뭇 다르다. 코임브라 파두의 기원에는 세 가지 설이 있다. 브라질 유학생에 의해 전해진 브라질 노래가 변형되었다는 설, 리스본에서 온 학생들에 의해 전해진 리스본 파두가 변형되었다는 설 그리고 중세 기사들의 노래가 그 기원이라는 설까지. 어느 것이 정확한 유래인지는 알 수 없다. 다만 확실한 것은 젊고 열정적인 사람들이 부르는 노래라는 사실이다. 코임브라의 파두는 남자 대학생 사이에서만 전승된다.

학생들의 젊음은 파두에도 고스란히 묻어 있다. 리스본 파두의 주제는 사우다드로 국한되지만, 사우다드에만 머물기에 학생들은 너무 젊고 열정적이다. 그들은 우정과 학업 그리고 사랑을 노래했다. 어머니의 사랑을 기리는 사모곡과 정치적 메시지를 담은 노래도 함께 부른다.

많은 주제 가운데서도 가장 사랑받는 노래는 당연 세레나데다. 남학생들은 마음에 드는 여성이 생기면 친구의 기타 반주에 맞춰 여성의 집 창밖에서 감미로운 사랑 노래를 부른다. 길을 가던 행인들이 숨을 죽이고 쳐다본다. 절대 소란스럽게 하거나 박수를 치면 안 된다. 노래가 마음에 들면 '음음' 하고 헛기침을 해야 한다. 노래를 들은 여성은 승낙의 표시로 방의 불을 세 번 깜빡인다. 이 전통은 지금도 계속된다고 한다. 코임브라에서 파두가 마음에 들 때, 박수 대신에 헛기침을 하자. 만약 멋진 남성의 세레나데를 받게 된다면 불을 세 번 깜빡여도 좋다.

산타크루즈 카페는 대학생들의 모임 장소다. 옛 수도원 건물을 개조해 만든 이 카페는 학기가 시작되면 학생들로 가득 찬다고 한다. 연애부터 정치까지 여러 주제를 넘나들며 떠든다. 일주일에 세 번 무료 파두 공연도 열린다. 코임브라 대학으로 올라가는 길목에 위치한 파두 센터에서도 공연이 있다. 유료 공연이지만 가격이 싸다. 코임브라에 머무는 동안 매일 파두를 듣고 자정이 넘어서야 숙소로 돌아갔다. 불콰해진 얼굴로 어두운 거리를 걸으며 파두를 흥얼거렸다. 골목 저 어디선가 불이 깜빡, 깜빡, 깜빡 할 것만 같은 기분 좋은 밤이었다.

기도하는 도시
브라가 Braga

“학창 시절엔 코임브라에서 공부하고, 젊어서는 리스본에서 일하며, 노년에는 포르투에서 여유롭게 보내는 게 많은 포르투갈인들의 꿈이야.”

2년 전, 포르투에서 만난 한 청년이 했던 말이다. 이는 많은 포르투갈인의 꿈이라고 했다. 각기 다른 특징을 가진 도시들이 유기체의 기관처럼 각자의 역할을 수행하며 포르투갈을 지탱한다는 말도 덧붙였다. 이 역할들은 굉장히 중요하고 또 쉽사리 바뀌지 않아 사람들이 자신의 필요에 따라 이사를 하며 살아가기도 한다고 했다. 현재 학생인 자신은 코임브라에서 공부하고 싶지만 그러지 못하고 있다며 울상을 지었다. 자신이 꿈꾸었던 삶에서 점점 멀어져 간다고 했다. 맥주를 한잔 걸친 그의 표정은 한층 더 어두워졌다. 아마도 그는 자신의 삶이 우리 앞에 놓인 맥주처럼, 시간이 지날수록 점점 맹맹해진다고 생각하는 듯했다. 나는 그에게 먼 곳으로 여행을 떠나보라 말했다. 삶은 마술과도 같아서 멀어질수록 더 자세히 보인다고 말했다. 실은 새빨간 거짓이다. 아니 적어도 절반쯤은. 우리는 삶을 볼 수 없다. 다만 헤쳐 나갈 뿐이다.

2년이 지난 지금, 그가 먼 여행길을 떠났는지, 한층 더 김빠진 삶을 살고 있는지 알 수 없다. 그저 술 마시고 하는 말이려니 흘려들었던 '포르투갈 유기체론'을 이곳, 브라가에 도착해서야 실감했을 뿐이다.

브라가는 기도하는 도시다. 크지 않은 도시에 성당이 산란기를 맞은 물고기의 알처럼 가득 찼다. 조금만 과장을 더하자면 한 건물 건너 성당이 있고, 모퉁이를 돌면 또 다른 성당이 자리한다.

브라가의 흥망성쇠는 가톨릭과 함께했다. 브라가는 로마 시절부터 포르투갈 북부와 스페인 서북부의 중심 도시로 활약했다. 로마 황제는 브라가의 중요성을 인정하고 주교구로 지정했다. 5세기 초반 수에비족, 5세기 후반 서고트족의 침입을 받았지만, 브라가는 점령자들을 가톨릭화했다. 그 공을 인정받아 7세기에는 대주교구가 되었고, 이베리아 반도의 종교적 중심지로 발전했다. 8세기부터 11세기 중반까지 이슬람 세력의 지배를 받으며 쇠락의 길을 걷던 브라가는 가톨릭을 믿는 레온 왕국이 포르투갈 북부 지역을 되찾으면서 중흥한다. 레온León의 왕 페르난두Fernando 1세는 옛 성당들을 복원해 대주교직을 받았다. 이전보다 더 많은 성당들이 지어졌다. 이후 700년간 포르투갈과 스페인 인근 지방의 종교적 중심지로 활약했지만 리스본이 대주교구로 선정되며 그 중요성이 반감되었다.

브라가에는 성당이 많다. 그중에서 가장 유명한 성당은 브라가 대성당과 봄 제주스 두 몬테Bom Jesus do Monte다. 대성당은 구시가지 중심에

있다. 포르투갈에서 가장 오래된 성당으로 알려진 대성당은 로마네스크 양식을 기초로 여러 양식을 덧대었다. 건물을 찬찬히 살펴보며 추가된 건축 양식들을 찾아보는 것도 재미있다. 성당 내부의 성물박물관에서는 진귀한 성물을 볼 수 있다. 대성당의 가장 큰 매력은 본당에 있는 천장화와 오르간이다. 브라가 대성당의 천장은 목조 평천장이다. 독일 로마네스크 성당에서 흔히 사용하는 형식이다. 현재까지 남은 목조 평천장 건물은 많지 않은데 이곳은 천장화까지도 잘 보존되어 있다. 본당 2층의 성가대석에는 양쪽에 하나씩, 두 개의 오르간이 있다. 나무를 깎고 금을 둘렀다. 여러 장식이 덧붙여졌다. 본당의 중앙에서 위를 올려다보면 두 오르간과 천장화가 한눈에 들어온다. 성당 내부는 간결한 외관만 보고는 상상할 수 없을 만큼 화려하다.

봄 제주스 두 몬테는 브라가 근교에 있는 성당이다. 인터넷에서 브라가를 검색하거나 관련 책을 보면 도심보다 근교에 위치한 이 성당이 먼저 등장한다. 엽서 가게도 성당 사진으로 꽉 차 있다.

리베르다드Liberdade 대로에서 출발한 버스는 동쪽으로 5킬로미터 정도 달려 봄 제주스 두 몬테 발밑에 도착한다. 여기서부터 끝없는 계단이 이어진다. 성당은 인기 좋은 순례지라 평일에도 발길이 끊이지 않는다. 운동을 하러 오는 사람들도 많다. 쉬지 않고 가뿐히 오른다. 숲 사이를 지그재그로 통과하는 계단이 가장 먼저 나타난다. 계단이 꺾이는 곳마다 예배당을 짓고 예수의 일대기를 그려놓았다. 계단을 따라 올라가면 예수의 탄생부터 부활까지 다 볼 수 있다. 10여 분 정도 올라가면 엽서와 사진을 가득 메우던 봄 제주스 두 몬테 계단이 비로소 모습을 드러낸다. 아름다운 계단을 보면 무릎을 여러 번 굽혀가며 올라온 수고가 모조리 잊힌다. 계단과 나란히 서면 탁 트인 브라가 전망이 내려다보인다. 해 질 녘이면 낙조를 보기 위해 많은 사람들이 모인다고 한다. 브라가 시내뿐만 아니라 등 뒤의 흰 계단까지 모두 붉게 물들어 장관을 이룬단다.

봄 제주스 두 몬테 계단은 두 부분으로 나뉜다. 아래쪽에 오감의 계단Escadaria dos Cinco Sentidos이 있고 위쪽에 삼덕의 계단Escadaria das Três Virtudes이 있다. 오감의 계단은 한 층에 계단 20개씩, 총 다섯 층으로 구성된다. 각 층마다 얼굴 모양의 분수가 있다. 첫 층부터 각각 눈, 귀, 코, 입 그리고 항아리에서 물을 내뿜는다. 이는 인간이 느낄 수 있는 오감을 나타낸다고 한다. 분수 앞에 설 때마다 우리가 눈, 귀, 코, 입 등으로 지은 죄를 참회하고 씻고 올라가라는 의미라고 한다. 20개의 계단을 오르며 지난날을 반성하고 다시 20개의 계단을 오르며 지난날을 참회한다. 이런 방식으로 다섯 층을 모두 오르면 수많은 계단을 올랐지만 몸이 한결 가벼워진 느낌이 든다.

오감을 나타내는 계단을 다 올랐어도 아직 성당에 이를 수 없다. 성당에 들어가 신을 마주하기 위해서는 죄를 짓지 않은 상태만으로는 부족하다는 뜻일까? 위쪽에 삼덕의 계단이 남아 있다. 삼덕의 계단은 세 층으로 이루어진다. 각 층마다 믿음, 희망, 관용을 나타내는 분수를 세웠다. 삼덕에 대해 생각하며 다시 계단을 오른다. 오감의 계단을 오르고 삼덕의 계단을 지나서야 입구에 다다를 수 있다. 우리가 자신의 죄

를 참회하는 것에 멈추지 않고 믿음과 희망 그리고 관용을 보여줄 때, 비로소 신 앞에 설 수 있는 자격이 주어진다는 건축가의 의도일 것이다.

봄 제주스 두 몬테의 성상은 드라마틱하다. 붉은색이 감도는 무대 중심에 못 박힌 예수가 있다. 그 아래를 로마군이 지킨다. 채색 또한 정교해 성상이라기보다는 뮤지컬이나 오페라의 한 장면을 보는 듯하다. 바로크의 특징이 물씬 묻어난다. 멋진 성상은 그냥 바라보아도 충분히 좋지만, 계단을 오르며 자신의 삶을 반성하고 난 뒤에 보면 감동이 더욱 크다. 그 때문일까? 봄 제주스 두 몬테에는 성상 앞에 앉아 눈물을 훔치는 사람이 많다.

내가 브라가에 머무를 당시 온 도시가 축제 준비에 여념이 없었다. 수호성인을 기리는 상 주앙 축제다. 거리마다 휘황찬란한 장식을 두르고 중심 광장에는 헬륨 풍선이 아이들을 유혹한다. 축제에 빠질 수 없는 길거리 음식들도 많다. 아이들의 눈이 초롱초롱하게 빛난다. 골목 곳곳에 연결된 스피커에서 노래가 흘러나와 축제 준비하는 이들의 흥을 돋운다. 도시 전체에 활기가 가득하다. 아쉽게도 나는 축제가 시작되기 전에 도시를 떠났지만, 축제를 준비하는 브라가는 조용한 성당 도시가 아니었다. 때로는 활기찬 모습도 보여주는 매력적인 도시였다.

1.10 €

활기찬 시장
바르셀루스 Barcelos

미뉴Minho 지방은 도우루 강 북쪽부터 스페인과 접하는 국경 사이의 땅을 아우른다. 재래시장이 발달한 지역이다. 미뉴의 마을은 각기 다른 요일에 장을 연다. 떠돌이 장사꾼이 요일장을 따라다니며 물건을 판다. 동네 사람들도 물건을 들고 나와 좌판을 편다. 그중에서도 브라가 서쪽에 위치한 작은 마을, 바르셀루스의 시장이 가장 크고 유명하다.

매주 목요일 바르셀루스 히퍼블리카 광장Praça da República에서 시장이 열린다. 히퍼블리카 광장은 페이라 광장으로 불리기도 한다. 페이라Feira는 '시장'이란 뜻이다. 바르셀루스뿐만 아니라 인근 지역에서도 손님들이 몰려와 시장은 활기로 가득 찬다.

모든 제품이 확보되고 정렬되는 대형 마트와 달리 재래시장은 그 지방 사람들의 특색이 고스란히 드러난다. 수입된 물건이 없고, 많이 먹고 자주 쓰는 물건이 장에서 거래된다. 매력 있는 물건만이 살아남는다. 그런 면에서 재래시장은 팔리지 않는 물건일지라도 구색을 갖추려 놓아두는 대형 마트보다 더 자본주의적이다.

바르셀루스의 시장은 파는 물건의 종류에 따라 구역이 나뉜다. 가장 가까운 장터는 옷가게 주인의 구역이고, 그 바로 옆이 가구 상인의 구역이다. 조금 더 들어가면 윤기 나는 그릇들이 손님을 유혹한다. 시장에는 싸구려 옷들이 많다. 1킬로그램에 9000원. 상표 없는 옷들이 무게 단위로 팔린다. 가판대 앞에 일렬로 선 아주머니들 손에는 옷이 하나씩 들려 있다. 디자인도 살펴보고, 박음질 상태도 확인한다. 색이 다른 두 가지 옷을 몸에 대어보곤 남편에게 묻는다. 딴전 피우던 남편이 아내의 질문에 깜짝 놀라 다가간다. 머리를 맞대고 상의한 끝에 파란색을 골랐다. 초록색 옷이 가판대에 놓이자마자 옆에 있던 아주머니가 잡아챈다. 옷이 놓이기만을 기다리고 있었던 모양이다.

시장 입구에는 아이들을 유혹하는 장난감 가게가 있다. 색동의 바람개비가 빙글빙글 돌아간다. 장난감 강아지도 뒤집어져 애교를 부린다. 슉슉 꼬리 치고 왕왕 짖는다. 플라스틱 나비 장난감은 바퀴와 날개가 연결되어 있다. 끌거나 밀면 날개를 퍼덕인다. 날개가 부딪히며 딱딱 소리를 내고, 날개에 든 구슬이 사각사각 소리를 낸다. 솜씨 좋은 아이들은 벌써 나비를 얻어내 장터 곳곳에 날지 못하는 나비가 날개를 퍼덕인다. 장난감 앞에 서서 발길을 떼지 못하는 아이를 엄마가 빨리 오라 채근한다. 마지못해 따라가지만 못내 아쉬운지 자꾸만 돌아본다. 익숙한 광경이다.

과일 가게는 보기도 전에 알 수 있다. 향이 코를 자극한다. 콧구멍을 벌름거리며 달큰한 냄새를 따라가면 골목에 색색들이 과일이 가득하다. 토마토와 자두, 체리, 세 가지 색깔의 사과들, 복숭아, 바나나, 포

FELPOS 6 € / Kg
Made in Portugal 100% Algodão

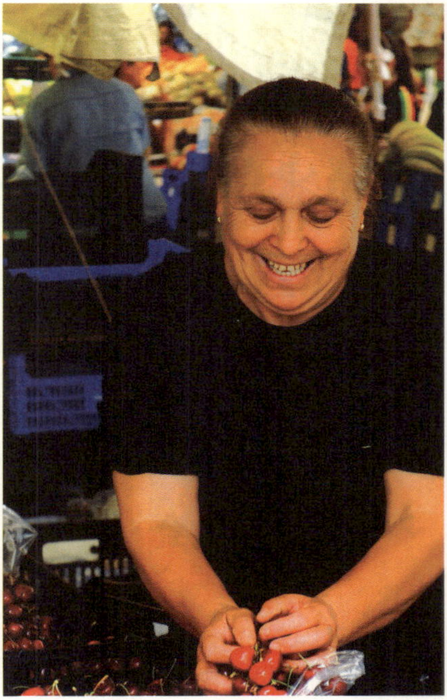

도, 배, 멜론, 수박, 오렌지 그리고 이름을 알 수 없는 열대 과일들이 즐비하다. 가격도 싸다. 1킬로그램에 체리가 4000원, 복숭아가 2000원이다. 한 아주머니가 사과를 하나씩 들여다보며 고른다. 눈빛이 매섭다. 주인 아주머니는 '일단 한번 잡숴봐'라고 말하듯 사과 한 조각을 내민다. 손님이 고개를 끄덕인다. 마음에 든 모양이다. 봉지에 담아 무게를 달고 돈을 받는다. 계산을 끝낸 뒤 봉지를 건네주며 한 개 더 담아준다. 덤인 모양이다. 곁에 선 아주머니는 오자마자 체리를 하나 집어 입에 쏙 넣는다. 과일 가게 옆 채소 가게에 있는 아이의 표정이 어둡다. 엄마가 당근을 만지작거리는 모습이 마음에 들지 않는 눈치다. 사지 말자는 말은 못하고 불만스러운 표정이 역력하다.

축구 유니폼 가게 텔레비전에서는 축구 경기가 한창이다. 장을 따라나선 남편들이 삼삼오오 모여 축구를 본다. 팔짱도 끼고 꽤나 진지한 표정으로 이야기를 주고받는다. 듣는 쪽 역시 진지하다. 하나 둘 떠나가도 어디선가 다른 아저씨가 와 빈자리를 채운다. 자연스레 뒷짐 지고 고개를 끄덕인다. 오랜 친구처럼 이야기를 나눈다.

바칼라우는 포르투갈의 대표 음식이다. 손질한 대구에 소금을 뿌려 말린 음식이다. 요리할 때 물에 불려 튀기거나 구워 먹는다. 포르투갈 전역에 수백 가지의 바칼라우 조리법이 있다. 모든 전통 식당에서 바칼라우 요리를 대표 메뉴로 내세운다. 염장했기 때문에 바칼라우는 굉장히 짜다. 요리사의 실력은 염분을 얼마나 줄이는가에 달려 있다고 한다. 소금으로 뒤덮인 바칼라우를 뒤집어가며 요리조리 살펴본다. 별 차이가 없어 보이지만 종류에 따라 가격도 천차만별이다. 바칼라우를 파는 트럭 앞에는 손님이 끊이지 않는다.

바르셀루스의 시장에는 음악 CD도 팔고, 짝퉁 가방도 팔고, 신발도 판다. 모종도 팔고, 가축이나 애완동물도 판다. 물건을 팔러 오는 상인이 있고, 물건을 사러 오는 손님이 있다. 이들을 보기 위해 관광객도 오고, 관광객에게 기념품을 팔기 위해 상인들도 온다. 배고픈 사람들을 위한 주전부리 트럭도 장사가 잘된다. 시장은 여러 사람들로 북적이고, 알 수 없는 말이 오간다. 소리도 치고 속삭이기도 한다. 닭도 울고 개도 짖는다. 이 모든 소리들이 뒤섞여 소음이 된다. 나는 이 소음이 좋다. 시장을 슬쩍 둘러보는 데에만 세 시간이 훌쩍 지났다.

기념품 가게에서 자기(瓷器)로 된 수탉을 하나 사서 다시 길을 나선다. 포르투갈에는 수탉과 관련된 장식과 공예품이 많다. 그 수탉과 관련된 전설은 바로 이곳, 바르셀루스에서 시작되었다.

시절조차 알려지지 않은 먼 옛날, 바르셀루스에서 범인을 알 수 없는 범죄 사건이 발생했다. 시민들은 한 갈라시아인을 발견하자마자 '저 사람이오!' 하고 소리치며 범인으로 몰아세웠다. 명확한 근거는 없었다. 그는 즉시 체포되었고, 교수형을 선고받았다. 위기에 처한 그는 재판관을 만나게 해달라고 요청했다. 그 시각 재판관은 훈제 수탉이 마련된 성대한 연회를 열고 있었다. 그런데 자신이 교수형을 선고한 갈라시아인이 찾아와 결백을 주장하자 재판관은 물론 연회에 참석한 손님들까지 좌불안석이었다. 갈라시아인은 자신의 결백함을 주장하며 이렇게 외쳤다.

"나는 맹세코 결백합니다. 나의 결백을 증명하기 위해 그 접시에 있는 닭이 '꼬끼오' 하고 울 것입니다." 그 말에 재판관은 배꼽이 빠질 정도로 크게 웃었다. 그런데 연회가 시작되어 닭을 자르려고 칼을 가까이 가져가는 순간, 갑자기 닭이 접시에서 벌떡 일어나더니 소스를 줄줄 흘리고 감자를 뚝뚝 떨어뜨리며 퍼덕퍼덕 창문 쪽으로 걸어갔다. 창문에 다다른 닭은 온 힘을 다해, 더없이 우렁차고 화려하게 '꼬끼오' 하고 울어 젖혔다. 바르셀루스 역사상 결코 들어본 적이 없는 닭의 울음소리였다. 재판관은 자리에서 벌떡 일어나 목에 두른 냅킨도 풀지 않은 채 곧장 교수대로 달려갔다. 그 시각 교수대에서도 기적이 벌어졌다. 신비한 힘이 사형수의 목에 건 밧줄을 확 풀어버리며 집행을 가로막고 있었다.[9]

우리는 교수대에서 내려온 갈라시아인이 이후 어떤 삶을 살아갔는지 모른다. 한 억울한 피고인의 무죄를 입증하고자 '꼬끼오' 울어댔던 수탉이 접시로 돌아가 제 스스로 감자를 덮었는지, 아니면 새 삶을 찾아준 기적에 감사하며 매일 아침 힘차게 울어댔는지도 알 수 없다. 전설은 절정에서 끝난다.

입에서 입으로 내려오는 모든 전설이 그러하듯 사람들은 자신의 기호에 맞춰 전설에 여러 요소를 첨가한다. 사랑을 제일의 가치로 여긴 자들은 말한다. 갈라시아인을 진실로 사랑했지만 단칼에 거절당한 여인이 '저 사람이오!'라고 가장 먼저 외쳤다고. 기적을 믿는 자들은 기적의 힘을 설명하려 한다. 그들은 마을 어귀 사바두 강변에 기적의 힘을 기리기 위해 십자가를 세웠다. 십자가에 기적의 장면을 조각했다. 목을 맨 갈라시아인 밑에는 제임스 성인이 서 있다. 왼팔을 들어 떨어지는 갈라시아인을 가뿐히 들어올린다. 기적의 힘은 제임스 성인의 왼팔에서 나왔으며, 기적은 신의 뜻 아래 행해졌다는 말을 하고 싶은 듯하다.

수탉과 시장 외에도 바르셀루스의 매력은 무진하다. 자기가 유명한 미뉴 지방의 마을답게 화려한 자기가 전시된 자기 박물관도 있다. 도심 쇼윈도에는 단아한 자기가 열을 맞춰 누워 손님을 기다린다. 고고학 박물관도 있다. 300년 전 큰 지진으로 궁전의 지붕과 벽이 무너졌다. 반쯤 허물어진 궁전은 박물관이 되었다. 폐허 속에 오래된 유물을 전시한다. 비가 오면 비를 맞고 눈이 오면 눈을 맞는다. 고고학 박물관에 어울리는 공간이다. 그 뒤로 사바두 강이 흐른다. 사바두 강을 가로지르는 다리는 14세기에 세워졌다. 마차가 다니던 다리 위로 이제는 자동차가 다닌다. 한 노부부가 벤치에 나란히 앉아 강을 바라본다. 하고픈 말이 없는 것인지 아니면 이미 할 말을 다 해버린 것인지 서로 말이 없다. 말없이 평온하다. 강변 버드나무 아래에는 낚시꾼들이 보인다. 아직 한 마리도 잡지 못했다고 말하지만 그다지 상관없다는 표정이다. 매주 일요일 아침, 강변에서 무료 요가 강의도 열린다고 한다. 시장을 벗어난 바르셀루스는 여유가 넘친다.

집으로 돌아가는 버스를 기다리는 사람들 양손엔 묵직한 봉지가 들려 있다. 따라온 꼬마의 손에도 봉지가 들려 있다. 자꾸만 봉지에서 물건을 꺼내 만지작거린다. 마음에 쏙 드는 장난감이라도 얻어낸 모양이다. 버스를 기다리는 사람들의 표정에는 피곤함보다는 즐거움이 보인다. 브라가행 버스에는 사람만 타는 것이 아니다. 금붕어도 거북이도 닭도 함께 탄다. 연신 '꼬꼬꼬꼬' 울어대던 닭이 버스가 출발하자 '꼬끼오' 울어 젖혔다.

축제를 위해 태어난 사람들
포르투 Porto

축제의 아침이 밝았다. 밤늦게 잠자리에 들었지만 일찍 일어났다. 발코니로 나가 점점 밝아오는 도시를 지켜본다. 날은 금세 밝았다. 매일 떠오르는 태양이지만 그 모습을 지켜보는 일은 늘 새롭다. 오늘 하루는 어제와 또 다를 것이라는 것을 미리 귀띔해주듯. 하루를 채 시작하기도 전에 성취감을 느낀다.

> 이윽고 하늘이 바뀌기 시작했다. 분홍색이 번지면서 서서히 줄무늬를 그리더니 거의 느낄 수 없는 속도로 구름들의 배에 올라타 보라색 속으로 기어들었다. 그러자 마침내 보라색은 빨간색으로 바뀌며 사라졌다. 이어 예고도 없이 하늘이 빛으로 폭발했다.[10)]

주제 사라마구는 나사렛의 하늘을 떠올리며 글을 썼다. 하지만 문장은 포르투의 하늘을 위해 지어진 듯 꼭 맞다. 포르투의 하늘은 내면

깊은 곳에 숨었다가 그의 상상 속에 자신을 투영한 듯하다. 포르투의 하늘이 빛으로 폭발했다. 아직은 조용한 도시에 긴장감이 감돈다. 잘 배어든 양념처럼 공기 중에 녹아 바람에 실려 전해진다. 멀리서 뿅망치 소리와 나팔 소리가 들린다. 축제의 아침이 밝았고, 나는 그 중심에 서 있다.

매년 6월 말이 되면 포르투가 속한 도우루 지방과 그 북쪽 미뉴 지방은 축제로 분주해진다. 지역의 수호성인인 상 주앙을 기리는 축제Festa de São João다. 축제는 여러 도시에서 동시에 열린다. 도시마다 즐기는 풍습이 다르다. 브라가에서는 사랑하는 사람에게 시를 지어 항아리에 넣어둔다. 빌라 두 콘드Vila do Conde에서는 보트 경주가 열린다. 포르투에서는 사람들이 뿅망치를 들고 다니며 서로를 내리친다. 뿅망치로 뿅뿅 치며 서로에게 행운을 기원하는 전통이라 한다. 온 힘을 다해 내리치기도 하고, 애교스럽게 툭 치기도 한다. 축제가 열리는 이틀간 마음껏 노래하고 춤추고 떠든다. 포르투 사람들은 축제를 즐기기 위해 태어난 사람들처럼 신명나게 논다.

축제가 열리기 전부터 거리에는 뿅망치를 파는 사람들로 가득하다. 빨강, 파랑, 초록, 노랑, 색깔도 다양하다. 긴 것, 짧은 것, 큰 것, 작은 것, 크기도 제각각이다. 뿅망치를 파는 사람들이 제 손에 톡톡 치며 뿅뿅거린다. 어른 아이 할 것 없이 신이 났다. 벌써부터 뿅망치를 산 호스텔의 청년들은 축제날이 오면 때려버리겠다며 겁을 줬다.

낮이 되면 한 손에 뿅망치를 든 사람들이 거리로 쏟아져 나온다. 포르투의 인구보다 더 많은 사람들이 축제를 위해 몰려온다. 좁은 골

목에 사람이 가득 차 똑바로 나아가지 못한다. 사람들을 피해 이리저리 곡선을 그리며 간다. 삼삼오오 몰려다니며 지나가는 사람들을 뿅망치로 톡톡 친다. 때리며 즐기고 맞으며 웃는다. 함께 즐기지 못하고 정색하거나 피하는 사람들에겐 사방에서 야유가 쏟아진다.

작은 뿅망치 두 개를 들고 다니며 투닥투닥 때리는 사람도 있고, 한자리에 서서 지나가는 사람들을 골라 때리는 아이도 있다. 제법 신이 난 표정이다. 장난기 가득한 눈과 마주치고 머리를 조금 숙여주면 쪼르르 달려와 한 대 뿅 치고 도망친다. 아이스크림 가게 주인아저씨는 긴 뿅망치를 가게에 숨기고 있다 지나가는 사람들을 뿅뿅 친다. 사람들이 깜짝 놀라 뒤돌아본다. 함께 웃는다. 뿅망치의 손잡이는 나팔처럼 불 수도 있다. 축제날의 포르투 거리는 뿅뿅 뿅망치 소리와 뿡우뿡우 나팔 소리로 가득 찬다.

어둠이 내리면 축제는 더 무르익는다. 도심 곳곳에 무대가 설치되고 사람들이 몰려온다. 가수들이 무대에 나와 춤추고 노래 부른다. 절정으로 내달리기 전 한껏 흥을 돋운다. 축제의 절정은 밤 12시에 하는 불꽃놀이다. 도우루 강가에 자리 잡고 불꽃놀이가 시작되길 기다렸다. 도시 사람들과 여행객들이 뒤섞여 강변은 이미 꽉 차 있었다. 사람들이 자신의 기원을 담아 풍등(風燈)을 날린다. 열기를 받아 한껏 팽창한 풍등이 둥실 날아오른다. 눈을 감고 소원을 빈다. 하늘로 올라간 풍등은 제 형체를 잃고 한 점의 빛이 된다. 흐린 밤 별을 대신한다. 축제를 보러 온 사람들의 숫자만큼이나 기원할 일 또한 많아 이미 수십 개의 형체 잃은 별이 어둠 속을 부유한다. 또 다른 별이 새로이 떠오른다. 하늘에 붉은 별이 가득하다. 축제날 다시 한 번 포르투를 찾을 수 있게 해달라고 기도했다.

축제의 첫날과 둘째 날이 마주할 때 불꽃놀이가 시작된다. 도시 전체에 울려 퍼지는 노랫가락에 맞춰 폭죽이 터진다. 한 개의 불꽃이 하늘로 올라가 원형을 그리며 여러 갈래로 퍼진다. 먼저 핀 불꽃이 가뭇없이 사라지면 두 개의 불꽃이 뒤따른다. 폭약 터지는 소리가 귀를 때린다. 뒤따라 세 개, 두 개, 네 개, 그리고 수십 개의 불꽃이 하늘을 가득 메운다. 빨강, 노랑, 초록 불꽃이 피어났다 사라진다. 버드나무 잎처럼 흘러내리기도 하고, 국화꽃처럼 피어나기도 한다. 부챗살처럼 퍼지기도 하고, 때로는 대중없이 터지기도 한다. 다리 위에서는 폭죽이 폭포처럼 쏟아진다. 아델의 노래 '스카이폴'이 흘러나온다. 노랫소리, 이야기 소리, 폭죽 소리, 나팔 소리, 뿅망치 소리가 뒤엉킨다. 불꽃놀이는 30분간 계속된다. 많은 인파가 몰려 다리가 양쪽으로 휘청거린다.

불꽃놀이가 끝났어도 축제는 계속된다. 날이 밝으려면 아직 멀었다. 사람들은 거리에 오래 머문다. 마시고, 떠들고, 춤춘다. 모르는 사람들과도 금세 친해져 이웃이 되고 친구가 된다. 무대 위 가수들이 선창하면 관객들이 따라 부른다. 발 디딜 틈 없는 광장에서 사람들은 한 덩어리가 되어 물결을 이룬다. 이쪽으로 밀리고 저쪽으로 쓸린다. 틈틈이 뿅망치질도 잊지 않는다. 도시는 새벽 네 시가 넘도록 흥청댄다. 동이 틀 무렵에야 겨우 열기가 식는다. 새벽녘에야 잠자리에 들었다.

OFFLEY
OFFLEY

다음 날 아침 포르투는 조금 푸석해진 얼굴로 맞이했다. 축제를 즐긴 여행객들이 아침 일찍 짐을 싸서 숙소를 떠났다. 사람의 왕래가 뜸하다. 오늘의 거리에서 어제의 신명을 떠올릴 수 없다. 한여름 밤의 꿈과도 같은 축제였다. 거리 곳곳에 남은 흔적만이 어제 축제가 있었음을 말해준다.

포르투는 포르투갈 제2의 도시다. 국명 포르투갈Portugal은 포르투Porto에서 파생되었다고 한다. 포르투 사람들의 자부심이다. 'Porto'는 항구를 뜻하는 영어 단어 포트Port와 비슷한데, 이는 도시 이름이 항구를 뜻하는 라틴어 'Porto'에서 유래되었기 때문이다.

포르투는 세월의 흔적을 간직한 건물들이 켜켜이 쌓인 도시다. 포르투 사람들은 옛 도시를 도심에 그대로 남겨놓고 방사형으로 퍼지면서 현대적 건물을 세웠다. 그 노른자위가 히베리아Reberia 지구다. 포르투 관광의 중심지인 히베리아에는 20세기 이전의 도시가 고스란히 남아 있다. 휴가철이 되면 도시에 깃든 옛 풍취를 느끼기 위해 유럽 전역에서 비행기를 타고 몰려온다.

대부분의 여행자는 히베리아를 벗어나지 않는다. 지역이 넓지 않아 반나절만 헤매면 작은 골목까지 훤히 알 수 있다. 히베리아에서는 길을 잃어도 걱정이 없고, 지도를 챙기지 않아도 문제가 없다. 친절한 포르투 사람들이 길을 잘 알려주고, 마땅한 조력자를 찾지 못하더라도 내리막을 따라 내려가기만 하면 도우루 강Rio Douro을 만난다.

도우루 강은 포르투를 남북으로 나눈다. 그 양쪽은 가파른 언덕이다. 도우루 강에는 양쪽 언덕을 잇는 다리가 여럿 있는데, 그중 가장

유명한 다리는 돔 루이스 1세 다리Ponte de D. Luís다. 아치를 이용해서 강기슭 양쪽을 연결하고, 아치 양 끝에 교각을 두 개 세웠다. 아치 위쪽과 아래쪽 두 층으로 다리를 놓았다. 위쪽으로는 지하철이 지나가고 아래쪽으로는 자동차가 지난다. 아치 위로 다리가 올려 있고, 아치 밑으로 또 다른 다리가 매달려 있어 아치는 위에서 눌리고 아래에서 끌린다. 아치형이면서 동시에 현수교다.

이 철제 다리는 장식적 부재의 사용을 최소화해 무게에 짓눌려 줄어들고 늘어나는 역학 구조를 있는 그대로 보여준다. 꾸밈없이 간결하다. 모든 철근이 서로 힘을 주고받아 하나라도 없으면 그 구조가 위태롭다. 그 모양새가 프랑스 남부 도시 님Nimes에 세워진 구스타프 에펠의 가라비교Garabit Viaduct와 흡사하다. 아니나 다를까 돔 루이스 1세 다리는 에펠의 제자가 왕의 생일 선물로 제작했다고 한다. 강의 양쪽 기슭을 잇는 아래쪽 다리는 쓰임이 좋고, 양쪽 언덕을 잇는 위쪽 다리는 경치가 좋아 돔 루이스 1세 다리에는 많은 사람이 몰린다. 날이 맑고 물이 차지 않은 여름날 동네 아이들이 다리 위에서 뛰어내린다. 남자아이 여자아이 모두 머뭇거림 없이 풍덩 잘 뛰어내린다. 관광객이 지켜보는 가운데 제 용감함을 보일 수 있어 제법 우쭐한 표정이다.

강의 북쪽 연안, 좁은 땅에 높이 지은 건물들은 갖가지 색의 페인트를 입었다. 강 건너편에서 가장 잘 보인다. 가지런한 원색의 건물들 뒤로 붉은 지붕이 오밀조밀 버섯처럼 피어 있다. 그 사이 높은 첨탑 두 개가 눈에 띈다. 중앙에 보이는 첨탑이 시청이고 왼쪽에 솟은 건물은 클레리고스 첨탑이다. 클레리고스 첨탑에 올라서면 포르투 시내가 한눈에 보인다.

강변에서 언덕을 따라 도심으로 올라가면 20세기 건물이 늘어서 있다. 마치 영화 세트장 같은 도시에서 사람들이 살아간다. 도로 포장에 쓰인 자갈들은 귀퉁이가 닳아 반들거린다. 고색창연한 건물에서 손님을 맞이하고 물건을 판다. 창문을 열어 빨래를 널고 그 창문을 통해 고양이가 드나든다. 멋진 아줄레주를 바깥벽에 장식한 알마스 성당과 카르무 성당 곁을 무심히 걷는다. 대항해시대에 브라질에서 가져온 금으로 장식된 상프란시스쿠 성당Igreja de São Francisco에서는 여전히 미사가 열리고, 전통 있는 극장에서는 오페라를 공연한다. 마제스틱 카페의 오래된 의자에 앉아 커피를 마시고, 100년이 넘은 렐루 서점에서 헌책을 산다. 대를 이어온 레서피로 전통 음식을 만든다. 포르투 사람들은 옛 모습에서 최소한의 손질만을 더해 살아간다. 마치 약속이라도 한 듯 조금의 불평도 어색함도 없다. 수십 년이 흐른 뒤에도 크게 변하지 않을 것 같다. 조앤 롤링이 해리포터의 영감을 어쩌면 렐루 서점의 계단에서 얻은 것이 아니라 시대를 떠나 마법처럼 살아가는 포르투 사람들의 모습에서 얻은 것은 아닐까?

포르투의 절정은 석양에 있다. 어스름이 내리면 도시는 낮과는 또 다른 모습을 드러낸다. 돔 루이스 1세 다리 위에서 태양은 강으로 진다. 도시를 가로지르는 강이 붉게 타오르고 하늘은 짙은 빨강부터 노랑, 주홍, 보라를 거쳐 짙은 검정이 된다. 가로등과 건물에 불이 켜지고 그 빛이 강 위에서 별처럼 빛난다. 하늘에서도 하나 둘 별이 모습을 드러낸다. 30분도 걸리지 않는 이 광경을 보기 위해 나는 하루 종일 기다렸다.

이 아름다운 사태가 어찌하여 일어나는 것인지, 또 얼마만큼 환상적인지는 언어로 설명될 수 없다. 지구의 자전 때문이라는 무뚝뚝한 과학적 사실은 아름다움에 대한 설명일 수 없다. 어제 보았어도 오늘이면 또 보고 싶다. 포르투에 머무는 밤이면 다리 위에 올라 석양을 기다렸다.

포르투의 해변에서 태양은 바다로 진다. 포르투에서 만난 일행과 일몰을 두 번 보았다. 첫날은 돔 루이스 1세 다리 위에서 강으로 지는 석양을 보았고, 둘째 날은 해변에서 바다로 내리는 일몰을 보았다. 마토시뉴스 술Matosinhos Sul역에서 지하철을 내려 조금만 걸어가면 대서양과 맞닿은 해변이 펼쳐진다. 수평선과 해안 사이에 항구의 둑이 있어 태양이 바다로 넘어가는 모습을 직접 보지는 못하지만, 수심이 얕은 바다에 석양이 그대로 비친다. 어둠은 위에서도 내려오고 아래에서도 올라온다. 해안에서 태양은 두 번 진다.

다시 찾은 포르투는 변함없는 모습으로 나를 맞이해주었다. 옛것을 지키고 존중하며 살아가는 포르투는 포르투갈다운 도시다.

Portugal story

빨갛고, 하얗고, 달콤한 포트와인 Port Wine

포르투에서 가장 유명한 특산품은 와인이다. 포트와인 혹은 포르투와인이라 불린다. 수출항인 포르투에서 유래된 이름이다. 달콤한 맛이 특징이다. 17세기부터 많은 영국 상인들이 포르투로 진출해 자국 수출용 와인을 만들었다. 영국까지의 오랜 운송 과정에서 일어나는 변질을 막고자 여러 방법이 고안되었다. 그중 증류주를 첨가하는 방법이 가장 효과적이었다. 이 방법이 포트와인의 출발점이다.
포트와인의 특징은 강렬한 단맛과 높은 알코올 함량이다. 이러한 특징은 독특한 주조 과정에서 발현된다. 와인 주조 과정에서 포도의 당 성분은 알코올로 산화된다. 오래 발효시킬수록 알코올 함량이 높고 단맛이 적다. 포트와인은 일반 와인보다 발효 기간이

짧다. 24시간에서 48시간이다. 적정 시간이 되면 알코올 함량이 70도가 넘는 증류주를 첨가한다. 이때 당의 산화를 담당하는 효소가 죽어 발효가 멈춘다. 산화하지 못한 당이 와인 속에 남아 포트와인은 설탕을 넣지 않아도 달콤한 맛이 난다. 와인의 알코올 함량이 높아 보관도 용이하다. 포트와인은 개봉 후 6개월이 지나도 그 맛이 변하지 않는다고 한다.

포트와인의 또 다른 특징은 블렌딩이다. 와인의 맛은 포도에 달려 있다. 같은 밭이라도 매년 일정한 품질을 유지할 수 없다. 태양에 따라 다르고, 비에 따라 다르다. 그래서 와인을 고를 때 산지만큼이나 중요한 것이 만들어진 연도, 즉 빈티지다. 동일한 와이너리라도 어떤 해에 수확한 포도로 만들었느냐에 따라 맛에 큰 차이가 있다. 가격 역시 천차만별이다. 포트와인은 각기 다른 네댓 연도에서 생산된 와인을 섞어 맛의 차이를 줄인다. 항상 일정한 맛을 내기 위해서라고 한다. 이 때문에 언제 어디서 사든 같은 와인을 구입한다면 동일한 맛을 느낄 수 있다.

많은 와이너리에서 투어를 제공한다. 참고로 산데만Sandeman과 테일러Taylor, 하몽스핀투Ramos Pinto 와이너리가 유명하다. 와이너리 투어 시 값비싼 와인을 조금씩 맛볼 수 있으며 와인 마시는 법과 포트와인에 대한 이야기도 들려준다.

산중에 핀 유토피아
히우데오노르 Rio de Onor

브라간사Bragança는 포르투갈 동북부 트라스오스몬치Trás os Monte의 최전방 군사 요새였다. 포르투갈 귀퉁이에 위치한 이 도시는 스페인에서 겨우 수 킬로미터 떨어져 있다. 북동쪽으로 뻗어가는 시야를 가로막은 산맥이 국경을 이룬다. 브라간사 고성에서는 산맥들이 손에 잡힐 듯하다. 수백 년 전 적군은 산맥을 넘어왔다. 스페인 군대가 산길을 따라 침략해 왔고, 스페인을 점령한 나폴레옹의 군대도 산맥을 넘어 진주했다. 고성은 밀려오는 적군을 가장 앞에서 막아서며 방파제 역할을 했다.

브라간사는 나의 최종 목적지가 아니다. 버스를 갈아타고 동북쪽으로 더 나아간다. 이번 여행의 목적지, 히우데오노르는 작은 국경 마을이다. 아니, 마을보다 촌락에 가깝다. 가이드북에도 빌리지가 아닌 햄릿Hamlet이라 적혀있다. 햄릿은 가장 작은 단위의 공동체를 뜻한다. 겨우 70여 명이 모여 산다.

스투브 5번 버스가 브라간사와 히우데오노르 사이를 오간다. 학기 중에는 하루 세 번, 방학 중에는 하루 한 번 다닌다. 출발하기 직전 버스가 고장 났다. 기사가 보닛을 열었다 닫았다 하며 고개를 절레절레 흔든다. 시동이 걸리지 않는 모양이다. 급한 대로 6번 버스 앞에 자그마하게 5번이라 써 붙인 채 출발한다. 버스에 타는 사람들마다 '6번 버스인지 알았다'며 웃는다. 운전기사 아저씨 얼굴을 보고 탔다고 한다. 이내 서로 안부를 묻느라 정신이 없다. 모두에게 이야기하고, 모두에게 답한다. 중간에 탄 사람도 스스럼없이 대화에 참여한다. 운전기사 아저씨도 이따금 룸미러를 힐끗거리며 한마디씩 거든다. 버스에서 내리는 꼬마가 여기저기 인사한다. 인사말도 '아떼 아마냐(내일 봐)'다. 한 사람 한 사람 타고 내릴 때마다 버스가 시끌벅적해진다. 모두가 서로를 알고 있다. 나는 시골로 간다.

히우데오노르로 가는 길은 전형적인 시골 길이다. 좁은 도로를 위태롭게 달린다. 주변의 모든 마을을 거치며 버스는 여름철 나무처럼 가지를 펼치며 나아간다. 주도로를 빠져나갔다가 돌아오고 다음 마을이 있으면 또다시 빠져나간다. 길은 구불구불 이어져 있다. 나아갈 길이 언덕에 가려 보이지 않는다. 언덕의 모퉁이를 돌면 마을이 있으리라 기대를 하지만 그곳엔 또 다른 언덕이 있을 뿐이다. 몇 번의 연속된 기대를 저버리고 얼마간 지겨움을 느낄 즈음에 마을이 나타난다.

히우데오노르는 '오노르 강'이라는 뜻이다. 이름에 걸맞게 오노르 강이 마을을 가로지른다. 제 크기에 비해 풍족한 수계를 가진 마을은 언제나 습기를 머금고 번들거린다. 일 없는 노인이 오노르 강에 낚싯대를 드리운다. 이곳의 전통 가옥은 구들장같이 평평한 돌을 쌓아 올리고

그 틈새에 흙을 발라 메운다. 아래층에는 가축이 살고 위층에 사람이 사는 2층 구조다.

숙소에 짐을 풀자마자 주인에게 스페인으로 가는 길을 물었다. 빙긋 웃으며 테라스로 나와보라 한다. 바로 앞 다리를 가리키며 말한다.

"저기 다리가 보이지? 저 다리 왼쪽이 스페인이고 오른쪽이 포르투갈이야. 저기 언덕이 보이지? 저 언덕이 스페인이고 여기는 포르투갈이야."

이렇게 말하는 입은 여전히 웃고 있다. 이 웃음 알고 있다. 주제 사라마구가 『포르투갈 여행』을 집필하기 위해 히우데오노르에 왔을 당시, 그가 마을의 노파에게 이렇게 물었다.

"이곳에서는 어떻게 지내시오? 스페인 사람들과 잘 어울리오?"

노파가 답했다.

"네. 우리 포르투갈인들 중 몇몇은 스페인에 땅도 있는걸요."[11)]

옆에 있던 사람은 스페인 사람들도 이곳에 땅을 가지고 있다며 덧붙였다고 한다. 그리고 그들은 웃었다. 아마도 그들의 웃음은 지금과 같았을 것이다. 국경이 모든 것을 가로지르지는 않는다고 말하는 듯하다. 그들은 이방인이 이해할 수 없는 국경의 삶을 살고 있었던 것일까?

내가 묵은 숙소는 포르투갈의 가장 끄트머리에 자리한다. 숙소에서 50여 걸음만 걸으면 국경이다. 거기서 다시 북쪽으로 50여 걸음 가면 스페인 마을이 나온다. 두 마을은 겨우 100여 걸음 떨어져 있다. 오노르 강이 꼬치로 꿰듯 두 마을을 관통한다.

국경이 없는 나라에서 온 나는 국경이 너무나도 신기했다. 그곳엔 아무것도 없었으나 그 비어 있음이 오히려 신비스레 느껴졌다. 내 조국의 끝은 언제나 바다와 맞닿아 있었다. 차로 달리든 기차에 몸을 내맡기든 모든 도로와 철로의 끝에는 바다가 있었다. 바다가 아닌 곳에는 총과 칼이 있었다. 넘을 수 없고 넘어갈 수도 없는 선을 군인들이 지키고 있었다.

국경에는 작은 표지판 하나만이 국경을 알려주고 있었다. 처음 보는 국경에 들뜬 나는 스페인과 포르투갈을 오갔다. 포르투갈에서 숨을 들이쉬었고, 스페인에서 숨을 내쉬었다. 포르투갈 가게에서 물을 사서 스페인에서 마셨다. 스페인에서 뛰어올라 포르투갈에서 착지했다. 양국을 여러 번 오가다가 그 중간에 섰다. 왼쪽 발은 스페인에 있고 오른쪽 발은 포르투갈에 있었다. 총과 철책이 없는 국경은 느슨했다. 월경(越境)하는 이에게 어떠한 감시도 강요도 없는 국경에 서 있었다. 비록 타국이었지만 내 발로 아무런 제재 없이 넘을 수 있는 국경이 존재한다는 사실이 마냥 신기했다. 그 중심에 한동안 서 있었다.

아침저녁으로 마을 주변을 산책했다. 태양이 한껏 달아오른 낮이면 마을 중앙의 벤치에 앉아 일기를 썼다. 아이들이 주변을 서성였다. 강아지들은 먼발치에서 지켜보고 있다. 사라마구의 책에서 읽은 일화가 생각났다. 지나가는 노인에게 다니엘 상 하망에 대해 물어보았다. 다이엘 상 하망은 히우데오노르 사람이다. 주제 사라마구가 이 마을에 왔을 때 다니엘 상 하망을 만나 이야기를 나누었다고 한다. 그가 만났던 사람을 나 역시 만나보고 싶었다. 기회가 된다면 그를 만난 느낌을 들어보고 싶었다. 내 입에서 다니엘 상 하망의 이름이 나오자 노인은 놀란 눈치였다. 어떻게 그를 아느냐고 물었다. 포르투갈어로 답할 재간이 없어 주제 사라마구의 책을 그의 눈앞에 들이밀었다. 노인은 영어도 몰랐고 주제 사라마구도 몰랐지만 다니엘 상 하망의 이름은 알았다. 책의 본문에 몇 번 언급된 그의 이름을 노인은 신기한 듯 바라보았다. 인쇄된 이름을 몇 번이나 쓰다듬었다.

노인이 다니엘 상 하망의 집을 알려주었다. 그곳에는 반쯤 무너져 내린 집 한 채가 서 있었다. 의아했다. 지도를 확인하고 또 확인해보아도 이곳이다. 주변 할머니들에게 다시 물어보았다. 이 집이 맞다 말하며 몇 마디 덧붙인다. 입 안에서 그의 이름을 굴릴 때 떠오르는 아련한 표정과 경건히 가슴에 얹은 손을 보건대 그가 더 이상 살아 있지 않다는 뜻인 듯했다. 무너지며 흘러내린 흙벽과 앙상히 모습을 드러낸 목재 골격이 꽤나 많은 시간이 흘렀음을 알려준다. 그가 살던 집에는 이제 잡초와 풀벌레가 산다.

세월이 침식한 집 앞에 앉아 그를 생각했다. 이곳을 오가는 여행객을 맞이하는 일을 했다고 주제 사라마구는 전한다. 문 앞에 앉아 지나가는 이방인들에게 손을 흔들었다. 웃으며 말을 걸고 때로는 술도 권했다. 한 모금 마시면 목이 타 들어가는 독한 전통주였다. 사라마구가 술맛이 좋다고 칭찬하자 올해 만든 술은 최상의 품질이 아니라며 너털웃음을 터뜨렸다고 한다. 그저 스쳐가는 여행객에게조차도 진실을 말하

고 싶었던 모양이다. 스스로 나서 지나가는 이들에게 친절을 베풀던, 모두에게 진실 되길 바랐던 그는 이제 없다. 주인 없는 집이 홀로 남아 세월을 견딘다. 집에는 애써 보수한 흔적도, 일부러 없애려 한 흔적도 없다. 온 마을 사람들이 집이 완전히 무너져 내릴 때까지만 그를 기억하자고 약속이라도 한 모양이다. 집은 마을 속에 녹아 있다. 사람들이 오가며 집을 살핀다. 히우데오노르에는 빈집이 많다.

그의 집 바로 앞에 공동 경작하는 밭이 있다. 오후가 되면 마을 사람들이 모여 밭일을 한다. 함께 일하고 똑같이 나눈다. 오래된 전통이다. 가이드북에서 이 전통을 처음 접했을 때 플라톤과 토머스 모어를 떠올렸다. 이기심에서 비롯된 온갖 사회적 병폐를 공동체적 사랑과 협동을 바탕으로 한 부의 재분배를 통해 해결하겠다는 생각은 플라톤과 토머스 모어를 거쳐 푸리에Fourier와 생시몽Saint-Simon에게 계승되었다. 유토피아에는 모두가 동등하기 때문에 범죄가 없다. 경찰서도 없고, 감옥도 없다. 그들의 유토피아는 견고한 이타심으로 지어졌다. 후대 사람들은 이 낙원을 공상적 사회주의라 부른다. 공상적이라는 말은 현실보다는 망상과 친하다는 뜻이고 사회주의란 말은 성공하지 못했다는 뜻이다. 따라서 공상적 사회주의란 비현실의 동의 반복이다. 그들의 유토피아는 이기심을 이기지 못했다.

이 산속에 그들의 낙원이 실존한다. 함께 경작하고 동등하게 나눈다. 목동이 마을의 가축을 데리고 나가 풀을 먹인다. 이웃에 대한 사랑으로 나누며 살아간다. 이들에게 공상적 사회주의에 대해 묻는다면 아

마도 어깨를 으쓱할 것이다. 그저 전해져 내려온 삶의 방식 그대로 살아갈 뿐이라 말할 것이다. 유토피아는 제도를 정하고 사람들을 억누른다고 만들어지는 것이 아니다.

포르투갈의 트라스오스몬치와 스페인의 레온은 산맥을 중앙에 두고 나란히 있다. 두 지방 사람들은 연말이 되면 나무로 만든 가면과 독특한 복장을 입고 거리를 누빈다. 빨강, 노랑, 초록 천을 길게 잘라 사자탈처럼 붙인 옷도 있고, 나무꾼 같은 복장도 있다. 무표정한 나무 가면부터 겁주는 가면까지 표정도 풍부하고 검정, 노랑, 빨강, 하양. 가면 색도 다양하다. 마을마다 모양과 맵시가 다르다. 두 지역의 가면과 복장을 한곳에 모아 가면 박물관을 열었다. 박물관은 브라간사 도심에서 성곽으로 가는 길목에 위치한다. 가면과 복장도 있고, 축제 사진도 있다. 도깨비 같은 분장을 한 사람들이 한데 모여 즐긴다.

박물관에서 나와 오르막을 오르면 브라간사 성채가 나타난다. 성채는 견고하다. 시계가 탁 트인 언덕 위에 굳건히 자리 잡고 산맥을 노려본다. 산 너머가 스페인이다. 산맥을 따라 스페인군이 넘어왔다. 군대가 걸어 넘던 산길은 이제 포장이 되어 자동차가 다닌다. 성채는 여전히 산맥을 노려보지만 산맥을 넘어오는 것은 침략군이 아닌 일군의 관광객들이다. 침략군이 닦은 길을 따라 관광객을 태운 버스가 몰려온다. 바야흐로 관광의 시대다. 몰이해와 폭력의 시대는 저물었다. 교류하며 이해하고, 이해하며 사랑한다.

나는 국경에 가보았지만 아직도 국경이 무엇인지 알지 못한다. 국경 없는 나라에서 온 내가 국경을 한두 번 보았다고 완벽히 이해할 리 만무하다. 어떤 이가 목숨을 걸고 지킨 국경을 넘어 다른 이는 여행을 간다. 국경을 넘어 같은 전통을 공유하기도 한다. 침략을 위해 넘기도 하고 단지 밭을 갈기 위해 넘기도 한다. 국경은 존재하는 동시에 존재하지 않는 것인가 보다.

가장 포르투갈스러운 마을
몬산투 Monsanto

카스텔루브랑쿠Castelo Branco발 몬산투행 버스는 하루 한 번 운행한다. 가이드북에는 주말이면 오전 11시 45분에 출발한다고 적혀 있었다. 정보도 얻고 출발 시간도 확인할 겸 아침 일찍 카스텔루브랑쿠의 관광안내소로 향했다. 누군가 뒤에서 반갑게 인사해온다. 모토 유키 씨였다.

모토 유키 씨를 처음 본 곳은 버스정류장이었다. 버스는 밤늦게 도착했다. 브라간사에서 카스텔루브랑쿠까지는 8시간 남짓 소요된다. 중간에 환승도 한 번 해야 한다. 오전 7시쯤 일어나 히우데오노르를 출발했으니 이동에만 꼬박 14시간을 소비한 셈이다. 히치하이킹을 하지 못해 아침부터 세 시간을 걸었고 식사 역시 샌드위치 하나가 전부였다. 배고프고 피곤했다. 밤늦은 시간이라 관광안내소가 문을 닫았을 게 뻔한 상황이었고 카스텔루브랑쿠의 지도도 없었다. 막막했다. 어느 방향으로 가야 할지 몰라 가만히 서 있는데 버스정류장 한편에서 지도를 보던 사람이 있었다. 지도를 보여줄 수 있냐 물었더니 흔쾌히 고개를 끄덕였다.

바로 모토 유키 씨였다. 밝은 등산복 차림에 작은 배낭을 메고 캐논 카메라로 사진을 열심히 찍어대는 그는 누가 보아도 일본인이었다. 그리고 그의 지도엔 당연하게도 일본어만 가득했다. 도저히 알아볼 수가 없었다. 얄팍한 자존심 때문에 대충 아는 척하고 마음 가는 방향으로 발길을 옮겼다. 다행히 친절한 아주머니를 만나 주변의 좋은 숙소에서 묵을 수 있었다. 그렇게 슬쩍 지나치듯 만난 그를 우연히 또 만난 것이다. 모토 유키 씨가 먼저 말을 건넸다.

"안녕하세요! 관광안내소로 가는 길인가요?"

"네, 몬산투로 가는 버스 시간을 좀 알아보려구요."

"아…. 저도 그렇습니다만, 어제 택시 기사에게 물어보았더니 오늘은 몬산투로 가는 버스가 없다고 하더군요."

망치로 머리를 세차게 얻어맞은 것만 같았다. 관광안내소 직원에게도 몇 번이나 다시 물어보았지만 대답은 똑같았다. 없다. 버스가 없다. 가이드북이 또다시 잘못된 정보를 주었다. 하루를 그저 멍하게 보내게 된 것이다. 시간을 허비하기도 싫었고 몬산투를 포기하고 다른 도시를 가는 것도 마음에 들지 않았다. 이때 모토 유키 씨가 제안을 하나 했다. 그는 신중한 일본인답게 '아노'로 대화를 시작한다.

"저기, 괜찮으시다면, 저와 같이 택시를 타고 가시겠습니까?"

몬산투까지는 50킬로미터고, 요금은 60유로라고 덧붙였다. 두 명이 나누어 낸다면 30유로. 하루 예산의 반이 조금 넘는 금액이다. 부담스러운 돈이지만 몬산투를 포기할 수는 없었다. 택시를 함께 타기로 결정했다.

낮은 구릉으로 이루어진 베이라 지방을 택시는 신나게 달렸고, 요금도 정신없이 올랐다. 빠르게 올라가는 미터기의 숫자를 보며 안절부절못하고 있는데, 뒷자리에 앉은 유키 씨가 '아!' 하고 탄성을 내질렀다. 넓게 펼쳐진 낮은 구릉 한가운데 난데없는 돌산이 솟아 있다. 산허리에 마을 하나가 얹혔다. 몬산투다.

택시비로 거금을 써버려 마을에서 가장 싼 숙소를 찾아야 했다. 유키 씨도 사정은 마찬가지였다. 서로 가이드북을 비교해가며 마을 가장자리에 위치한 숙소로 향했다. 유키 씨가 간밤에 일본어로 된 지도를 알아볼 수 있었냐고 넌지시 물어왔다. 나는 일본어는 모르지만 눈치껏 알아보고 갔노라고 둘러댔다. 유키 씨는 의미를 알 수 없는 웃음을 지었다. 실은 내가 발길을 옮긴 방향이 도심과 정반대 쪽이었다는 것을 유키 씨는 알고 있었던 것일까? 숙소에 도착했더니 주인이 더블 룸이 가장 싸다며 추천했다. 유키 씨가 더블 룸에 묵겠다고 말했다. 유키 씨와 주인이 고개를 돌려 묻는 눈으로 나를 바라보았다. 나도 고개를 끄덕였다. 그렇게 우리는 같은 방에 묵게 되었다.

몬산투를 처음 접한 건 인터넷을 떠도는 사진 한 장 때문이었다. 정보를 찾기 위해 인터넷을 돌아다니다가 단번에 눈길을 사로잡는 사진 한 장을 발견했다. 사진 한가운데 큰 바위가 있었다. 그 틈에 벽을 쌓아 집을 만들었는데 작은 집도 아니었다. 크기가 보통 집과 맞먹는 수준이었다. 정말이지 집채만 한 바위가 집 위에 얹혀 있었다. 아니 얹혀 있다기보다는 살고 있었다. 마치 그 집 2층의 소유권이 자신에게 있다고 주장이라도 하듯이. 그 집뿐만이 아니었다. 마을 곳곳에 커다란 화강암

덩어리가 살고 있었다. 바위와 사람이 한 마을에서 공생했다. 그 마을이 바로 몬산투였다. 사진 바로 밑에 몬산투가 '포르투갈인이 뽑은 가장 포르투갈스러운 마을'로 선정되었다는 설명도 빠트리지 않고 적어놓았다. 바로 그 몬산투에 내가 도착했다.

몬산투는 높은 산언저리에 자리한다. 낮은 구릉뿐인 평원 한가운데 동물의 뿔처럼 솟은 산이다. 바위 덩어리들이 빙수 위에 뿌려진 견과류처럼 얹혀 있다. 바위가 점점이 산 위에 뿌려진 모양을 보면 하늘에서 커다란 바위를 흩뿌린 것이 아닐까 하는 생각마저 들 정도지만 이 바위들은 땅에서 솟은 것이다. 먼 옛날 마그마가 굳으면서 지표에 암석층이 형성되었다. 오랜 세월을 거치며 다른 암석들은 빗물에 침식되어 없어졌고 단단한 화강암만 남아 지금과 같은 화강암 산을 이루었다는 게 과학자들의 설명이다.

몬산투의 온 마을은 화강암으로 이루어졌다. 마을 곳곳에 흩뿌려진 화강암 덩어리는 옮길 수도, 부수어버릴 수도 없었다. 거대한 바위 덩어리를 그대로 둔 채 차곡차곡 눈이 쌓이듯 건물이 쌓였다. 산의 경사와 흩어진 바위를 모두 인정한 채 건물이 들어섰다. 작은 화강암을 모으고 깎아 쌓아 올렸다. 바위가 있는 곳은 바위를 감싸 안고 집을 지었다. 오르막을 애써 깎아 평지로 만들지 않았다.

집의 거실 한가운데에 커다란 바위가 놓여 있기도 한다. 바위를 뼁 둘러싸며 지은 건물은 바위가 지붕을 뚫고 자라나는 듯하다. 바위를 벽 삼아, 지붕 삼아 그렇게 집을 지었다. 바위와 바위 틈에 입구를 막아

그루타를 만들었다. 그루타는 석빙고 원리와 쓰임이 비슷하다. 햇볕이 들지 않고 시원해 음식을 보관하기에 알맞다. 몬산투 사람들은 그루타를 맥주 창고로 사용했다. 하늘에 가까워 강렬한 햇볕이 내리쬐는 이곳에선 시원한 맥주 한잔이 휴식이었을 것이다.

몬산투 골목은 윤동주의 시처럼 '돌과 돌과 돌이 끝없이 연달아 / 길은 돌담을 끼고' 간다. 눈에 보이는 것이라고는 화강암밖에 없다. 골목에 화분을 내놓고 꽃을 정성스레 가꾼다. 척박한 환경에서도 기어이 꽃을 피운다. 몬산투 사람들의 삶을 보는 듯하다. 할머니들이 길가에 앉아 마라포나를 판다. 마라포나는 몬산투의 전통 인형이다. 동그란 얼굴에 눈 코 입이 없다. 전통 치마를 입고 두건을 쓴 채 양팔을 벌리고 있다. 관광안내소 직원에게 물어보니 마라포나는 이교도의 전통에서 유래되었는데, 이 인형을 침대 위에 놓아두면 액운이 물러간다는 믿음이 있단다. 몬산투 곳곳에는 마라포나와 꼭 닮은 십자가들이 있다. 적들과 함께 몰려오는 내면의 공포를 이겨내기 위해서는 굳건한 신앙의 힘이 필요했을 것이다.

골목을 따라 조금 더 올라가면 마을의 축사와 등산로가 나온다. 축사 역시 작은 화강암을 쌓아 만들었다. 그 모양새가 제주도 흑돼지 우리와 흡사하다. 이곳에서 염소, 돼지, 닭을 키운다. 한 번 쌓아 올려 여러 대에 걸쳐 가축을 기른다. 축사부터 이어진 등산로는 경관이 좋다. 산 능선을 따라 한 바퀴 둘러볼 수 있다. 나무가 없어 시야가 확 트인다. 큰 바위를 피해 둘러 가기도 하고 틈새로 허리를 숙이고 지나가

기도 한다. 흔들리는 억새풀 사이로 햇볕이 스며들어 반짝인다. 노랑과 빨강 페인트로 등산로를 표시해놓았다. 페인트 표시를 따라 발길을 옮기면 된다.

등산로를 따라가니 골격이 그대로 드러난 정상이 나온다. 몬산투 정상에는 사람이 살지 않는다. 이제는 그 쓰임을 잃어버린 성곽과 성당, 주인을 잃어버린 돌무덤이 있다. 그 사이에서 커다란 수신탑만이 묵묵히 제 역할을 하고 있다. 풀벌레 소리만 가득하다. 한 걸음 다가가면 풀벌레 울음이 멈추고 사방은 정적으로 가득 찬다. 시간조차 멈춰버린 듯하다. 스슥 도마뱀 지나가는 소리가 시간을 도끼로 쪼개듯 정적을 깨뜨린다. 다시 풀벌레 소리가 공간을 메운다.

더 이상 미사를 보지 않는 상미구엘São Miguel 성당은 문이 굳게 닫혀 있다. 문틈 사이로 하늘이 비친다. 성당은 천장이 없다. 이보다 좋은 천장화는 없을 듯하다. 성당 주변에 돌무덤이 빼곡하다. 화강암에 구멍을 파 시체를 넣고 매장했다. 성당 사제들의 무덤이다. 지금은 무덤의 주인도, 덮개돌도 없다. 성당과 나란히 누워 같은 하늘을 바라볼 뿐이다. 오른편은 몬산투 성곽이다. 로마인이 진주하기 전부터 있던 성곽이다. 서고트족, 무어인을 거쳐 포르투갈인으로 주인이 바뀌는 긴 세월을 버텨냈다. 성곽 안의 사람들이 바뀌어도 성곽은 허물어지지 않았다. 성곽을 넘어온 사람들은 자신이 부순 성곽을 보수했다. 보수한 성곽을 또 다른 사람들이 넘어왔다. 성곽은 부수기도 하고 또 고치기도 하며 오랜 세월을 버텨냈다.

화강암뿐인 이 척박한 땅을 그들은 왜 그토록 빼앗으려 했을까, 또 무엇을 지키고자 이 높은 곳에 모였을까? 성곽에 오르자 그 답을 알 수 있었다. 성곽에서는 몬산투 마을부터 동쪽으로 펼쳐진 스페인의 평원과 서남쪽에 자리한 포르투갈의 평원, 이다냐 댐의 푸른 물까지 멀리 그리고 넓게 보인다. 주변에 버금가는 산이 없어 시계의 끝에서 땅과 하늘이 만난다. 저 아래 비옥한 평원에서 사람들이 밭을 갈고 올리브를 키운다. 소도 먹이고 염소도 친다. 서로 사랑하고 즐기고 슬퍼하며 울고 웃는다. 이들의 삶을 지키기 위해 몬산투 사람들은 무기를 챙겨 높은 곳으로 올라와 척박한 삶을 살았다. 내려다볼 수 있는 삶이 있는 한 내려올 수 없었을 것이다.

비옥한 땅에 사는 행복한 사람들을 지키기 위해 그들은 돌무더기 틈에서 살아야 했다. 이런 상황은 고대 그리스의 유치한 비극 같아 보인다. '너는 비옥한 땅을 지키는 임무를 맡았지만 정작 너 자신은 비옥한 땅에서 살지 못할 것이다'라고 질투 어린 신이 말하는 듯하다. 그들의 후손도 이와 비슷한 삶을 살고 있다. 여전히 척박한 땅에서 불편한 삶을 살아간다. 몬산투의 오래된 불편과 그 특이함을 보기 위해 많은 관광객이 찾아온다. 몬산투의 후손들은 관광객을 상대한다. 관광객은 며칠간의 불편을 즐긴 후 자신들이 속한 문명과 발전의 땅으로 떠나지만 몬산투 사람들은 마을에 남아 손을 흔든다. 함께 떠나지 못한다. 가파른 골목을 오르내리고 바위틈에서 살아가며, 앞으로도 변함없을 시간을 예비한다. 삶은 크게 변하지 않았다.

성곽 위에 오래 머물렀다. 너무나 많은 것 앞에 서면 생각은 한 점에서 머문다. 그저 멍하니 바라볼 뿐이다. 태양은 포르투갈의 평원이 펼쳐진 방향으로 가라앉았다. 붉은빛이 평원을 뒤덮고 몬산투를 감쌌다. 석양이 머리를 가득 채웠다. 빛은 국경을 건너 스페인까지 내달렸다. 해가 지고 나서야 마을로 내려왔다.

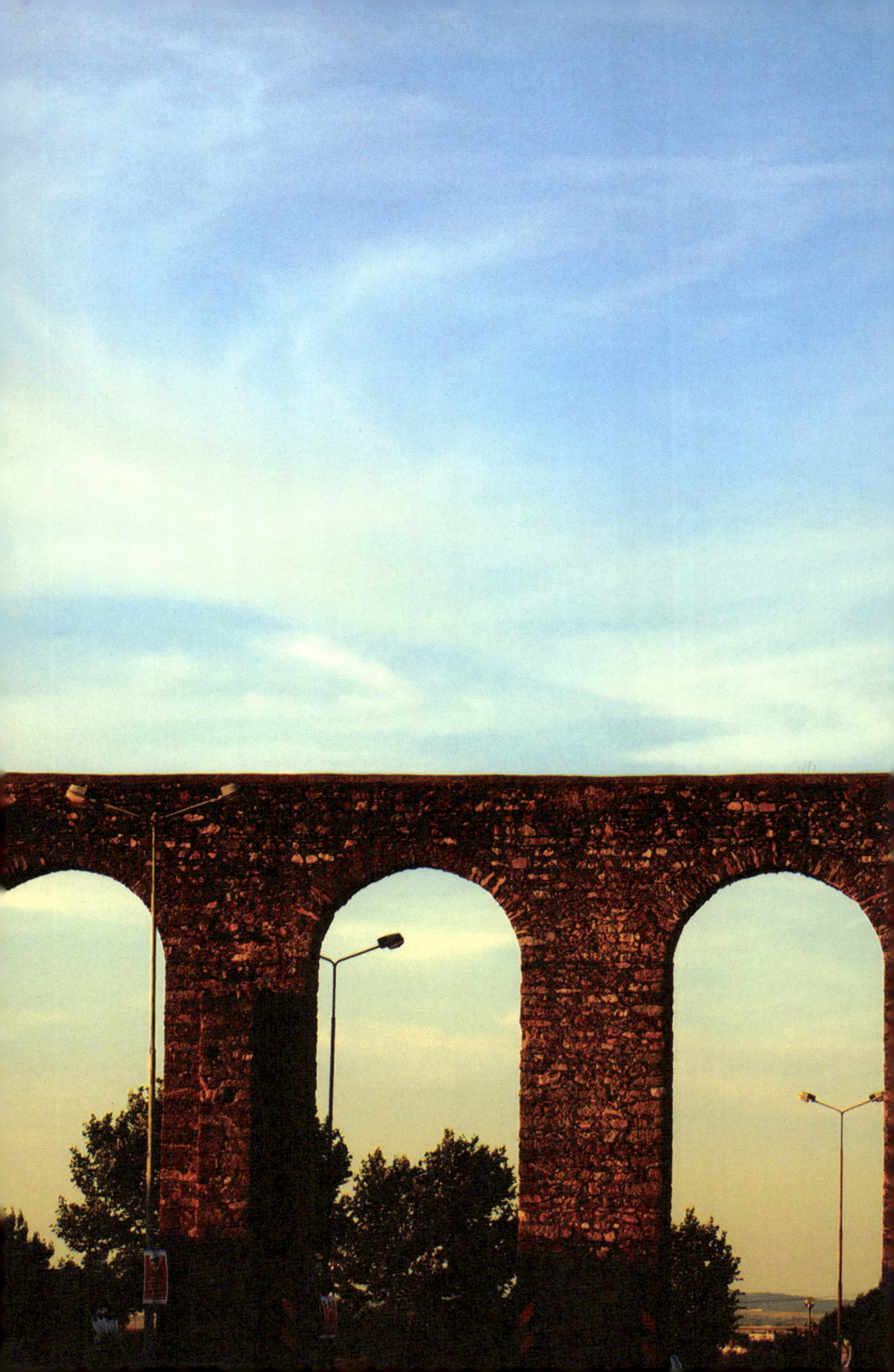

중세를 간직한 도시
에보라 Évora

유럽의 대도시들은 근대화 과정에서 중대한 결정을 내려야만 했다. 성벽을 허물고 도시의 크기를 키울 것인가 혹은 이대로 남을 것인가. 파리와 로마가 전자라면 에보라는 후자다. 성벽을 허문 파리와 로마는 세계의 중심으로 우뚝 섰지만, 에보라는 역사의 뒤안길로 사라졌다. 다른 도시들이 멀찌감치 달려 나가는 모습을 바라보아야 했다. 에보라는 중세의 끄트머리에서 성장을 멈추었다. 중세의 도시를 그대로 둔 채 최소한의 현대화만 진행되었다.

로마인들이 이곳에 오기 전부터 에보라는 큰 도시였다. 그들은 에보라를 점령한 후 군사적 전초 기지로 삼았다. 에보라는 지역의 중심 도시로 성장했다. 서고트족과 무어인의 통치 기간 동안에도 교역 도시로서 발전에 발전을 거듭했다. 도시의 전성기는 포르투갈이 이곳을 탈환한 직후인 15세기경이었다. 대학이 건립되어 많은 학자와 예술가들이 모여들었다. 아비스 왕가의 치세가 끝나고 왕좌가 스페인 왕가로 넘어가며 에보라는 쇠퇴하기 시작했다. 하지만 이것이 도리어 에보라의 매력을 만든 초석이 되었다.

에보라는 성벽에 둘러싸여 있다. 그 둘레와 당당한 자태만으로도 중세 시절 얼마나 권세를 누렸을지 짐작할 수 있다. 성문을 통과하면 중부 지방 특유의 하얀 벽에 노란 페인트로 포인트를 준 건물들이 눈에 띈다. 이끼 낀 낡고 붉은 기와지붕이 그 위에 얹혀 있다. 이곳의 건물들은 다른 중세 도시보다 조금 높다. 대부분 3층 이상이다. 성벽 안에서라도 양적 성장을 이루고자 노력한 흔적이 엿보인다.

에보라의 중심은 지랄두 광장Praça do Giraldo이다. 갖가지 상점들이 광장을 둘러싼다. 한편에 성당과 분수가 있고, 반대쪽으로 노천카페가 펼쳐진다. 사람 구경하며 커피 한잔 마시기 알맞다. 지랄두는 에보라 점령에 큰 공을 세운 포르투갈 기사다. 별명은 지랄두 셍 파보르Giraldo Sem Pavor, '두려움이 없는 지랄두'였다. 지랄두는 자국민을 약탈하던 산적과 유착해 왕의 노여움을 샀고 그 죄를 씻기 위해 에보라 원정에 나섰다. 야심한 밤을 틈타 성벽에 올라 초소에서 잠을 자던 초병을 죽이고 내통자의 도움을 받아 성문을 열었다. 손쉬운 승리였다. 단 한 번의 전투로 지랄두는 별명과 제 이름을 딴 광장까지 얻었다.

분수 옆에 팔, 다리 없이 몸통만 남은 조각 토르소Torso가 한 개 있다. 버려놓은 것처럼 길바닥에 덩그러니 놓여 있다. 이 토르소의 참의미를 알 수는 없지만 이곳에서 이름 없이 사라져간 이들을 떠올리기엔 충분했다. 16세기, 지랄두 광장에는 종교 재판이 열렸다. 수많은 사람들이 목숨을 잃었다. 이단으로 몰린 사람들은 가혹한 고문을 받으며 다른

MADE IN PORTUGAL
12345
67890
PORTUGAL
LISBOA ALENTEJO
PORTO COIMBRA
I ♥ PORTUGAL
ALGARVE

마녀를 밀고해야 했다. 진실은 중요하지 않았다. 피고에게 유리한 증언은 배제되었고, 고문에 의한 고백은 날조되었다. 타인을 이단이라 밀고하는 행위가 정의라는 이름으로 포장되었다. 사람들은 불안해했다. 마녀에서 비롯되지 않은 일이 이단을 찾는다고 해결될 턱이 없었다. 불안은 더욱 가중되었다. 많은 사람들이 화형에 처해졌고, 며칠 뒤면 또 다른 사람들이 화형대에 세워졌다. 광기의 시대였다. 광장의 얼굴 없는 토르소는 이단이란 이름 아래 쓰러져간 수많은 무명들을 위로하기 위해 놓인 것은 아니었을까?

광장은 10월 5일 거리와 연결된다. 좁은 거리를 따라 포르투갈 중부 지역인 알렌테주Alentejo의 특산물인 코르크를 파는 기념품 가게가 늘어섰다. 코르크로 만든 엽서와 액자부터 가방, 신발, 모자, 도마, 가구까지 종류는 상상을 초월할 정도로 많다. 나무의 따뜻한 색감이 관광객을 유혹한다. 골목이 끝나는 곳에 에보라의 대표 이미지, 로마 신전이 나타난다.

에보라 신전은 달의 여신 다이아나에게 봉헌된 것으로 추정된다. 3세기 초에 지어진 신전이 에보라의 고색창연함에 방점을 찍는다. 이베리아 반도에서 가장 잘 보존된 로마 신전임을 자부하지만, 아쉽게도 현재의 모습만으로 옛 위용을 추측하기는 힘들다. 절반 정도의 기단과 기둥 열두 개만 남아 있다. 성상도, 엔타블러처도 모두 사라졌다.

신전과 신화는 설명할 수 없는 것을 설명하기 위한 인간 노력의 산물이다. 신전은 신을 위한 건물이지만 인간이 짓는다. 맹점은 여기에 있다. 인간이 만든 모든 건물은 언젠가는 무너진다. 신전도 예외일 수 없었

다. 반쯤 허물어진 신전이 그 사실을 알려주었다.

손가락 같은 기둥 몇 개만이 남아 이곳이 신전이었음을 알린다. 건축가의 의도, 성상, 사제는 사라지고 무너졌다. 비례와 균형만 남았다. 육중한 지붕이 사라진 기둥은 한결 가벼워 보인다. 에보라 신전의 기둥머리는 코린토스식이다. 코린토스는 그리스 최대의 향락 도시였다. 아프로디테를 섬기는 도시답게 사치와 향락에 관한 수많은 이야기가 전해져 내려온다. 코린토스 양식은 제 고향을 닮았다. 기둥머리가 화려하다. 아칸서스 잎과 소용돌이 문양으로 치장한다.

저녁 무렵이면 신전이 붉게 물들고, 기둥 사이로 노을이 비친다. 태양의 각도에 따라 신전 색은 시시각각 변한다. 해가 완전히 지면 하나 둘 조명이 켜진다. 어두운 가운데 신전만 홀로 밝아 극장처럼 보인다.

에보라의 수도교는 동북쪽에서 뻗어온다. 16세기 초반에 완성되었다. 리스본 벨렘 탑을 설계한 프란시스쿠 데 아후다Francisco de Arruda가 설계했다고 한다. 현대적 상수도 시설이 갖춰지기 이전까지 에보라 주민의 생활용수를 담당했다. 이름은 아케두투 다 아구아 데 프라트Aqueduto da Água de Prate, '은빛 물의 수도교'라는 뜻이란다. 여름이면 40도를 오르내리는 무더운 알렌테주, 그중에서도 가장 중심에 위치한 이곳 사람들에게 수도교를 통해 흘러오는 물은 은빛처럼, 아니 그 이상으로 반짝였나 보다.

수도교를 보고 돌아오는 길에 모토 유키 씨와 우연히 마주쳤다. 나흘 전 카스텔루브랑쿠의 버스 터미널에서 헤어져 나는 남쪽으로, 유키 씨는 서쪽으로 향했다. 유키 씨를 보았을 때, 나는 유령을 본 듯한 기분이었다. 몬산투에서 본 모습 그대로였다. 검게 타버린 피부, 밝은 등산복, 건축가 특유의 관찰하는 눈빛, 열심히 찰칵이는 캐논 카메라, 심지어 수염의 길이까지도. 그는 에보라몬테로 가는 길이라고 했다. 에보라몬테는 에보라의 동북쪽에 위치한 작은 마을이다. 오래된 성채가 매력이라고 한다. 버스 시간에 쫓겨 변변한 인사도 못하고 헤어졌던 우리는 이제야 제대로 된 인사를 나눌 수 있었다.

여행을 하다 보면 한 번 마주친 사람을 다른 곳에서 또 만나는 경우가 종종 있다. 오비두스에서 같은 호스텔에 묵었던 브라질 청년은 보름이 지난 후 포르투의 돔 루이스 다리에서 만났고, 코임브라에서 같이 식사를 했던 호주 노부부는 한 달이 지나 오르세 미술관 한 조각 앞에서 만났다. 브라질 청년을 본 나는 반가워 소리를 질렀고, 그는 뿅망치로 나를 때렸다. 이런 만남은 무척이나 반갑다. 여행지에서 다시 만난 사람은 오랜 기간 알고 지낸 사이처럼 스스럼없다. 얼마간 떨어져 지냈지만, 어느새 더 친근하다. 의도치 않은 만남이 도시 풍경과 같이 각인된다.

카펠라 도스 오소스Capela dos Ossos는 네 면이 뼈로 가득 채워진 뼈 예배당이다. 뼈를 이용해 장식하고 무늬를 만들었다. 두개골과 두개골이 연속되고, 정강이뼈가 켜켜이 쌓여 있다. 한쪽 벽에 사지가 온전한 해골이 축 늘어져 있다.

정문 위 'Nos Ossos Que Aqui Estamos Pelos Vossos Esperamos'란 글귀가 눈에 띈다. '우리의 뼈는 당신의 것을 기다립니다'라는 뜻이라 한다. 예배당으로 들어서는 순간 등골이 오싹해진다. 알 수 없는 기운에

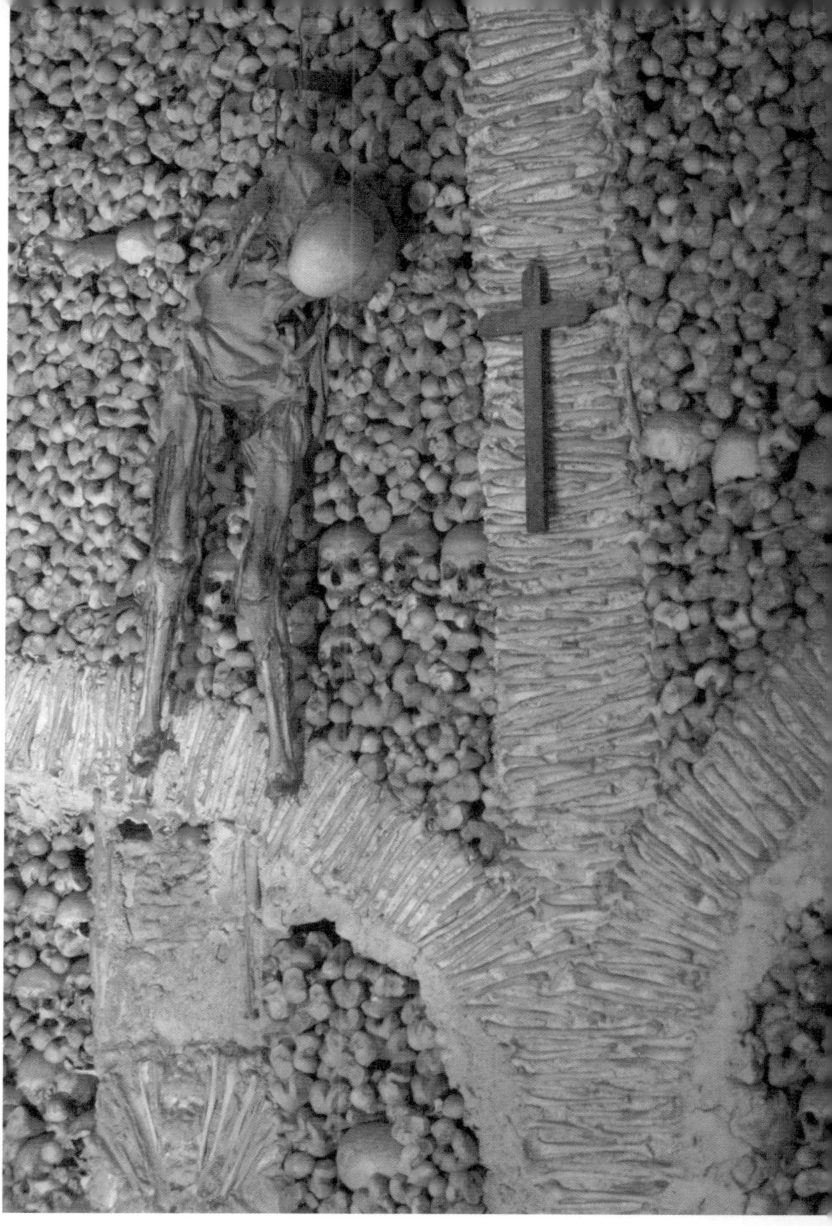

압도당한다. 후대 사제들에게 인간의 유한함을 말해주려 만들었다고 한다. 사방이 해골로 가득 찬 이곳에서 죽음에 대해 생각하는 일은 불가피해 보인다. 하지만 죽음에 대해 진정으로 숙고하는 일은 무척이나 어렵다. 우리는 죽음이 무엇인지 모른다. 죽음으로 끝나는 것인지, 혹은 이어지는 것인지, 다시 순환하는지 알지 못한다. 예배당은 생각이 닿을 수 없는 곳을 생각하라 말한다. 끊임없이 질문을 던진다.

'죽음은 무엇인가?'

너무나 무거운 물음이다. 죽음에 대해 생각할 때마'다 나는 이 말을 현재로 가져온다. 생각할 수 있는 범위로 가져와 대상을 한정한다. 내가 만약 지금 죽게 된다면. 이루어놓은 것이 없고, 하지 못한 일이 너무나도 많다. 가슴이 먹먹해진다. 마땅한 생각이 떠오르지 않는다. 다만 살아 있는 동안 더 열심히, 최선을 다해 살아야겠다고 다짐할 뿐이다. 어쩌면 카르페 디엠Carpe Diem은 '죽음을 기억하라'는 모멘토 모리Memento Mori의 파편에서 생성된 것일지도 모른다. 예배당에 적힌 시구는 죽음에 대해 천천히 생각하게 한다.

look, you hasty walker?
stop, don't go further more;
no business is more important
than this one at your display
bear in mind how many were here
think you'll have a similar end

then to reflect, this is reason enough
as we all did think it over
think that you fortunately
among all the world affair
you do think so little about death
여보게, 바삐 가는 자네
멈추게, 더 멀리 가지 말게
자네 앞에 펼쳐진 것보다
더 중요한 일은 없다네
여기에 얼마나 많은 죽음이 있는가를 명심하게
자네도 이와 닮은 끝이 있다는 것을 생각하게
그리고 우리 모두가 생각했듯
죽음에 대해 숙고하게, 이유는 충분하네
다행히도
이 세상 모든 일 가운데서
자네는 죽음에 대해 너무나도 조금 생각해왔다는 것을 명심하게

지금으로부터 5000년 전 이곳에 거석문화가 꽃피었다. 선돌을 세우고, 고인돌을 만들었다. 환상 열석도 놓았다. 선사 시대 유적을 보기 위해서는 성벽 밖으로 나가야 한다. 지랄두 광장에 위치한 관광안내소에서 설명을 첨부한 지도를 나눠준다. 자전거를 빌려주는 가게도 쉽게 찾을 수 있다. 시간이 부족하고 자전거 타는 것에 자신이 없다면 택시

를 타도 된다. 호스텔에서 자전거를 빌려 길을 나섰다. 목적지는 선돌과 환상 열석이었다.

그해 한국의 여름은 기록 제조기였다. 유난히 기온이 높은 나날이었다. 열대야는 최장기간 지속되었고, 신기록과 또 다른 신기록의 연속이었다. 뉴스 앵커들은 쏟아져 나오는 기록들을 전했다. 쏟아져 내리는 기록들만큼이나 무진한 햇볕이 거리 위로 쏟아졌다. 전 세계적인 현상이었다. 포르투갈 역시 평년 기온보다 5도 이상 높았다. 내가 자전거를 타던 날 기온은 42도였다.

자전거를 타고 거석문화를 찾아나서는 일에는 또 다른 매력이 숨어 있다. 도시에서는 보지 못하는 알렌테주의 속살이 드러난다. 114번 국도를 따라 달리던 자전거는 과달루피Guadalupe를 향해 좌회전한다. 도시 외곽의 작은 마을 과달루피를 지나서부터는 포장이 안 된 흙길을 따라 달린다. 울퉁불퉁한 도로의 굴곡이 바퀴를 통해 그대로 전해진다. 핸들을 꽉 잡아 쥔다.

알렌테주의 특산품은 코르크와 올리브다. 구릉 위로 올리브와 코르크나무가 솟아 있다. 우리가 쓰는 코르크는 나무의 껍질로 만든다. 폭신하고 두껍다. 나무가 20년이 넘으면 껍질을 벗겨내도 생장에 문제가 없다. 한 번 벗겨낸 껍질이 복원되는 데 7년에서 9년 정도 걸린다. 길 양편으로 껍질을 벗은 채 붉은 속살을 내놓은 코르크나무가 즐비하다.

코르크나무와 올리브 과수원에서는 잡초를 애써 뽑지 않는다. 나무 아래 말과 소를 키운다. 나무그늘 아래 자리 잡고 누운 소떼들이 작열하는 태양 아래 자전거를 타는 나를 신기한 듯 쳐다본다. 무엇인가

뒤바뀐 기분이다

선돌은 과수원 한가운데에 있다. 좁다란 길을 따라가면 사람 키 두 배는 됨직한 길쭉한 돌이 나타난다. 입석으로도 불리는 선돌은 동아시아와 서유럽에 주로 분포한다. 길쭉한 자연석을 애써 일으켜 세웠다. 남근 숭배 사상 중 하나로 추측된다.

비포장도로를 따라 조금 더 올라가면 환상 열석이 나온다. 열석은 여러 개의 선돌이 늘어선 것인데, 그중 원형을 그리며 세워진 열석을 환상 열석이라 부른다. 영국의 스톤헨지Stonehenge가 대표적인 환상 열석이다. 이곳의 환상 열석은 이베리아 반도에서 가장 크고 오래된 거석 유적이다. 한쪽이 조금 긴 말발굽 형태다. 사람만 한 돌 수십 개가 난립한 듯 서 있지만, 그 속에서도 나름의 규칙이 있다고 한다. 몇몇의 돌에 그림을 새긴 흔적이 있다. 열석의 기능은 정확히 밝혀지지 않았다. 선사 시대 제사를 지낸 곳이라는 추측도 있고, 태양의 움직임을 나타낸 것이라는 주장도 있다. 의미를 알 수 없어 더 기묘해 보인다. 열석을 만들었던 사람들은 시간 속으로 사라졌다. 이제는 그 의미를 물어볼 수 없다. 거석만이 홀로 남아 햇볕을 받는다.

해 질 녘 황혼에 젖은 거석들이 긴 그림자를 드리우면 감탄이 절로 나올 정도로 아름답다고 한다. 하지만 돌아갈 길이 먼 나는 일찍 출발했다. 낑낑대며 오른 오르막은 돌아갈 때 내리막이 된다. 시원하고 맑은 바람이 불어와 산길을 오른 수고가 다 잊히는 듯하다. 페달을 한 번 굴려 멀리 간다. 에보라에 도착해 끼니를 해결하고 14시간을 내리 잠들었다. 무더운 여름날이었다.

영욕이 함께 서린 도시 라고스Lagos, 사그레스Sagres

리스본을 출발한 버스는 남쪽으로 머리를 돌렸다. 네 시간 반을 달려 목적지 라고스에 도착했다. 포르투갈 남쪽 지방은 알가르베Algarve라 불린다. 동쪽으로 스페인의 안달루시아 지방과 접하고, 남쪽과 서쪽으로 대서양과 맞닿는다. 선선한 바닷바람이 수시로 불어와 리스본보다 남쪽에 있지만 기온은 더 낮다. 한여름의 기온이 30도를 넘지 않는다. 대서양에서 불어오는 바람은 큰 파도를 일으킨다. 온화한 기후가 더해져 매년 여름이면 서핑을 즐기기 위해 몰려든 사람들과 그들의 서핑 보드로 해변이 북적거린다. 그 밖에도 저렴한 가격에 따뜻한 해변을 즐기려는 사람들이 몰려 해변을 가득 채운다.

알가르베에는 멋진 도시들이 해변을 따라 점점이 박혀 있다. 서쪽에서부터 라고스, 알부페이라Albufeira, 파루Faro, 타비라Tavira 그리고 그 사이의 이름 없는 작은 해변들까지. 사진을 둘러보다 마음에 드는 장소를 하나 골라 떠나면 사진 그 이상을 볼 수 있다.

고대 그리스인들은 배를 타고 지중해를 떠돌며 아름다운 해변을 물색했다. 마음에 드는 곳을 발견하면 상륙하고 원주민을 정복해 식민지로 삼았다. 서쪽으로 행동반경을 넓혀가던 그들은 지브롤터 해협을 넘어 라고스까지 건너왔다. 그리스를 거쳐 로마의 지배 아래에 들어간 라고스는 포르투갈의 여타 도시들과 동일한 역사적 흐름을 가진다. 로마를 몰아내고 서고트족이 왔고, 무어인이 해협을 건넜으며, 포르투갈인들이 남하했다. 북아프리카와 가까운 이곳은 13세기 중반에서야 포르투갈의 영토가 되었다. 포르투갈인들은 이곳에서 만족하지 않고 북아프리카로 진출하길 원했다. 포르투갈이 완전한 승기를 잡은 대항해시대까지 북아프리카에서는 무어인과 포르투갈인 사이의 크고 작은 전투가 계속되었다.

라고스의 오랜 역사에서 눈에 띄는 두 사람이 있다. 라고스의 첫 번째 영웅은 포르투갈 전성기의 초석을 닦은 항해가 엔리케다. 주앙 1세의 왕자로 태어난 그는 이곳에서 해군력을 키우고 항해사들을 지원했다. 대항해시대의 기반을 잡았다. 그는 가장 먼저 모로코의 세우타를 포위해 무어 세력을 약화시켰다. 해양 지배권을 얻은 엔리케 왕자는 먼 곳으로 배를 보내 교역하고, 그 물건들을 팔아 돈을 벌었다. 1434년 질 이아네스Gil Eanes는 그의 명을 받아 서사하라에 위치한 보자도르 곶을 넘어 항해했다. 보자도르 곶Cape Bojador은 세계의 끝이라 여겨지던 곳이다. 옛사람들은 그 너머에 가파른 절벽이 있다고 믿었다. 그곳이 세계의 끝이 아니라는 사실이 밝혀지자 많은 항해사들이 앞 다투어 나아갔다. 수많은 배들이 이곳에서 출발해 금과 상아와 노예를 태우고 돌아왔다. 문헌에 따르면, 1444년부터 아프리카인을 노예로 팔기 시작했다고 한다. 유럽 최초의 노예였다. 이곳에서는 노예 시장의 흔적을 아직도 찾아볼 수 있다.

이곳 사람들은 금단의 바다를 최초로 건넌 질 이아네스를 기려 그의 이름을 딴 광장을 만들었다. 하지만 광장의 중심에 선 동상은 그가 아니다. 두 번째로 소개할 인물, 세바스티앙Sebastião의 동상이다. 지금으로부터 430여 년 전 24세의 어린 왕 세바스티앙은 17만 대군을 이끌고 모로코로 출격한다. 세 살의 어린 나이에 할아버지의 뒤를 이어 왕위에 올라 오랜 기간을 섭정받았던 그는 스스로 통치할 나이가 되자 큰 업적을 쌓고 싶었던 듯하다. 더군다나 대항해시대를 연 주앙 1세를 비롯해 위로 훌륭한 일곱 왕을 두었으니 조급한 마음이 오죽했으랴. 하지만 포르투갈군은 탕헤르 인근에 위치한 알카세르 키비르에서 참패를 당한다. 17만 대군 중 절반이 전사하고 나머지 절반은 사로잡혔다. 그 역시 그곳에서 죽었다. 대를 이을 사람이 없자 포르투갈의 왕위는 60년간 스페인으로 넘어간다. 포르투갈의 암흑기였다. 자존심 강한 포르투갈 사람들은 왕이 전투에서 죽지 않았고, 언젠가는 돌아오리라 믿었다. 소문은 100년간 지속되었다.

광장에서 그는 철갑을 두르고 투구를 벗어 바닥에 내려놓은 채 서 있다. 앳된 얼굴이 여과 없이 드러난다. 두 발을 가지런히 모으고 선 채 양팔을 축 내렸다. 전사한 왕의 동상에는 아무런 적의도 없어 보인다. 동상을 중심에 두고 라고스 사람들이 길거리 공연을 보며 낄낄댄다. 샌드위치를 먹으며 신문을 뒤적인다. 그들은 조국을 암흑기로 밀어넣은

B&B
Bed and Breakfast
AL

이 어린 왕의 동상을 보며 어떤 생각을 하는 것일까?

라고스의 유스호스텔에 짐을 풀고 여정을 시작했다. 성곽이 구시가지를 감싼다. 라고스의 도심은 여느 해안 도시들과 다르지 않다. 광장에서는 악사들이 연주를 하고, 좁은 골목마다 식당 메뉴판이 빽빽하다. 샐러드부터 구이, 튀김, 스튜까지 다양한 해산물이 여러 방법으로 조리된다. 문틈 사이로 흘러나온 냄새가 관광객을 유혹한다. 화려한 반바지를 입은 관광객들이 슬리퍼를 질질 끌며 식당에 들어선다. 잘 차려 입은 웨이터가 능숙하게 주문을 받고 물잔을 채운다. 햇볕에 데워진 공기가 광장을 가득 채우기 전 선선한 바닷바람이 불어와 자리를 대신한다.

라고스만의 독특한 매력을 찾기 위해서는 해변으로 가야 한다. 성벽을 빠져나와 서쪽으로 향하자 라고스의 멋진 해변들이 하나씩 나타난다. 그림보다 더 그림 같은 해변이 펼쳐진다. 어느 곳을 배경 삼아 셔터를 누르더라도 만족스레 미소가 어린다. 10미터가 넘는 절벽 해안들이다. 라고스에서 시작된 해안 절벽은 포르투갈 최서남단 상빈센트 곶을 지나 서쪽으로 이어진다. 절벽 위로 선인장이 자란다. 단애들이 성긴 부챗살처럼 바다를 향해 뻗고 그 사이사이마다 모래가 쌓여 해변을 이룬다. 오랜 세월 파도에 깎이고 쓸린 단애는 지난 세월의 흔적이 고스란히 드러난다.

노르스름한 퇴적암이 부수어져 만들어진 모래사장은 황금빛이 감돈다. 파도는 너울이 크지 않아 아이들이 놀기에 적당하다. 맑은 물 밑으로 노란 모래가 비친다. 나무 계단을 만들어 절벽과 백사장을 오간다. 해안마다 삼삼오오 모여 햇볕을 즐긴다. 태닝도 하고, 발리볼도 한다. 서퍼들은 양팔을 한껏 벌리고 균형을 잡는다. 다들 행복한 모습이다. 그 모습을 보며 해변을 걷는 내게도 행복이 전해지는 듯했다.

다음 날 아침 일찍 사그레스로 가는 버스에 올랐다. 포르투갈 남쪽과 서쪽 해안이 서로 바깥으로 휘며 만나 뾰족한 곶을 이룬다. 최서남단 상빈센트 곶Cabo de São Vincente이다. 대륙의 끝이라는 점에서 호카 곶과 비슷하지만 서로 느낌이 다르다. 넓은 구릉을 따라가다 높은 단애가 난데없이 나타나는 호카 곶에서 단절감을 느낄 수 있다면, 좌우의 해변이 점점 가까워져 그 폭이 좁아지는 상빈센트 곶에서는 세계의 끝을 향한 탐험심을 느낄 수 있다. 사그레스는 상빈센트 곶과 가장 가까운 마을이다. 상빈센트 곶까지 가는 직행 버스가 하루에 두 대 있다. 하지만 끝을 향해 가는 탐험을 더 생생히 느끼기 위해 자전거를 타기로 결정했다.

사그레스는 작은 마을이다. 마을을 구경하러 온 사람보다는 상빈센트 곶으로 가기 위해 찾는 사람이 주를 이룬다. 엔리케 왕자에게 라고스가 무역 거점이었다면 사그레스는 교육 거점이었다. 항해가 엔리케는 이곳에 요새를 짓고 학교를 세워 모험가와 군인들을 키웠다. 모험가들은 대양으로 나아갔고 군인들은 연안을 지켰다. 마을에서 조금 떨어진 사그레스 곶에 학교가 자리했던 것으로 추정되는 요새가 있다. 공터에 자갈을 쌓아 마차 바퀴와 같은 모양을 만들었다. 윈드로즈라 불린다. 직경이 50미터에 이른다. 땅에서는 그 모양새가 잘 보이지 않는다. 요새

ORTALEZA DE SAGRE

STOP

위에 올라야 정확히 보인다. 바람 길을 나타낸 것이라고 한다. 요새의 세 면은 높은 해안 절벽이고, 육지와 통한 한쪽 면은 견고한 성벽이 커튼처럼 드리워져 있다. 요새는 현재 동식물 관찰지로 쓰인다. 키 작은 선인장이 자라고, 바다 새가 하늘을 선회한다. 붉게 녹슨 대포가 해안을 바라본다. 바다 건너 상빈센트 곶과 등대가 보인다. 자전거 바퀴를 굴려 서쪽을 향했다.

상빈센트 곶은 서남쪽에 위치한다. 2차선 포장도로를 따라 6킬로미터를 가야 한다. 열심히 페달을 돌린다면 금세 도착한다. 상 빈센트는 스페인 출신의 성인이다. 스페인과 포르투갈에 걸쳐 널리 숭상된다. 서로 자신들의 성인이라 말한다. 그는 304년 로마군에 의해 죽음을 당했다. 고문당하는 동안에도 평정심을 유지해 고문하던 군인까지 교화시켰다고 전해진다. 순교 이후 시신의 행방은 묘연하다. 스페인은 그의 마지막 안식처가 아빌라라고 주장한다. 포르투갈은 사그레스 주변의 해안에서 시신이 떠올랐다고 말한다. 스페인과 포르투갈이 서로 자신들의 성인이라 다투는 이유다. 포르투갈에서 상 빈센트는 와인과 항해를 관장하는 수호성인으로 여겨진다. 먼 길을 떠나기 전 상빈센트 곶까지 이어진 단애를 따라 항해하던 이들에게 상 빈센트의 이름이 큰 힘이 되었을 것이다.

사그레스에서 등대로 가는 길은 황무지다. 산도 없고 나무도 없는 평지 위로 바퀴를 굴려 간다. 등대가 손에 잡힐 듯 보이지만 좀처럼 가까워지지 않는다. 2차선 도로 양옆으로 해변이 압박해온다. 바퀴를 굴릴수록 곶의 폭이 점점 좁아진다. 바다와 바다가 만나는 곳에 빨간 등대가 있다. 등대는 대륙의 끝에 서서 오고 가는 배들을 맞이한다.

등대는 오랜 세월 수평선을 바라보았다. 눈 시리도록 푸른 바다와 쓸쓸한 어둠을 홀로 버티고 별빛 쏟아지는 밤하늘에 대답 없는 빛을 쏘아댔다. 오랜 세월을 홀로 버텨낸 등대는 아직도 빛을 쏜다. 길은 이 절벽에서 끊기는 게 아니라 저 먼 바다로 이어진다는 것을 말하기라도 하듯이.

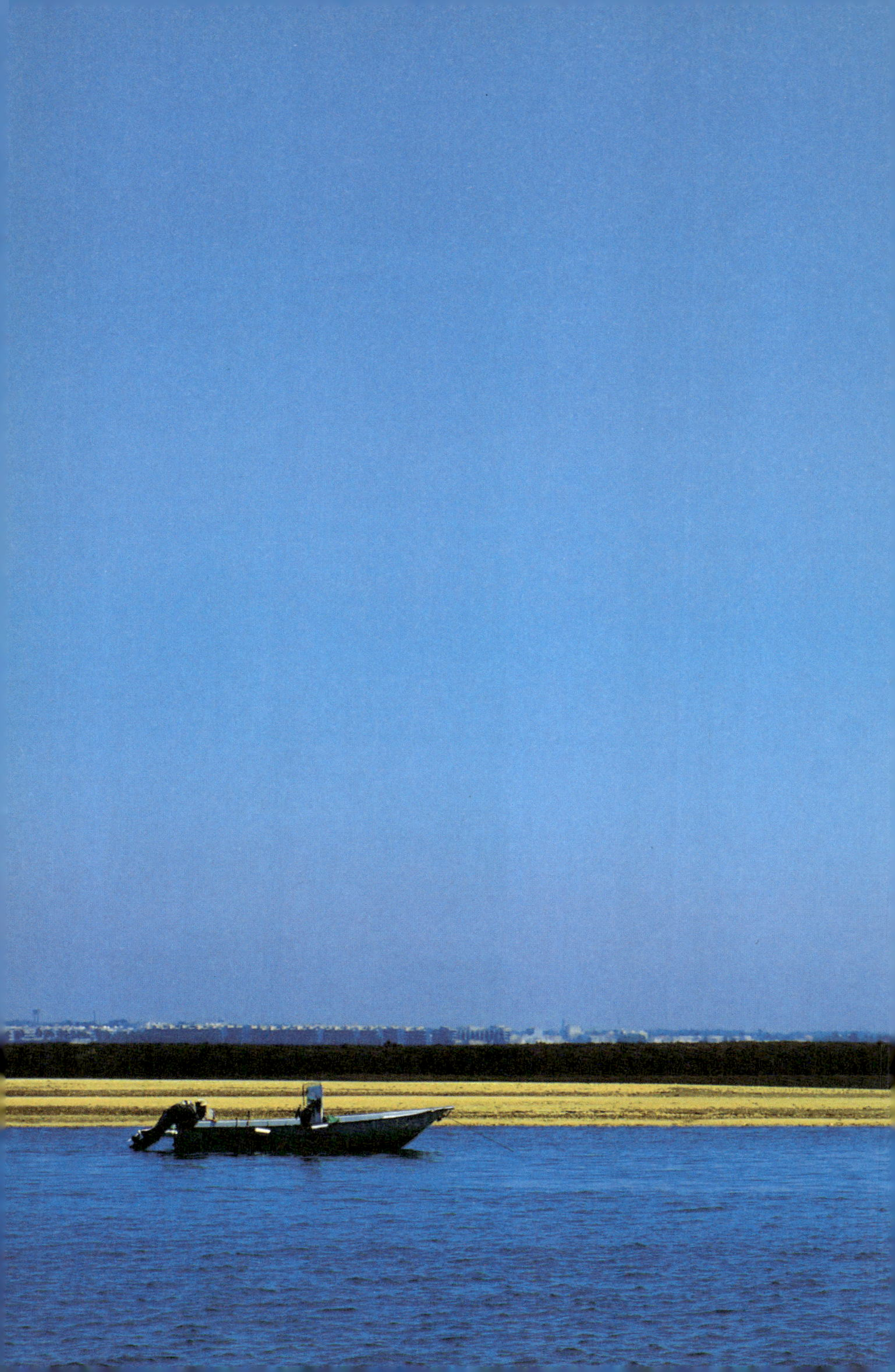

정주하는 삶, 떠나가는 삶
파루 Faro

새는 몇 번의 퍼덕임만으로 매끄럽게 내려앉는다. 일렁이는 물결만이 방금 전 새 한 마리가 이곳에 내려앉았노라 말할 뿐, 모든 풍경은 평온하다. 자신이 원래부터 그곳에 있었다는 듯 부리로 깃털을 다듬고, 목을 한 번 쭉 빼며 딴청 피운다. 젖은 날개를 부르르 털어낸다. 먼 곳에서부터 자신의 몸을 져서 날아온 새들은 파루 연안에서 짧은 휴식을 취하며 다음 여정을 예비한다.

마지막 도시 파루에 도착했다. 라고스를 출발한 버스는 알가르베의 해안 도시들을 모두 훑고 나서야 파루에 도착했다. 내리자마자 눈앞에 시커먼 매연을 남기고 버스는 훌쩍 떠나버렸다. 시야에서 완전히 사라진 후에야 길을 나섰다. 포르투갈에서의 마지막 버스였다. 버스는 스페인 국경을 넘어 세비야로 달려갈 것이다. 나는 파루에 남아 다음 비행을 예비한다. 파루를 떠나 파리와 모스크바를 거친 뒤에야 서울에 내려앉는 비행이다. 긴 여정이 될 것이다.

파루는 알가르베의 경제적 중심 도시다. 하지만 아직까지 관광객의 눈길은 끌어들이지 못한 듯하다. 공항이 있어 이곳에 왔을 뿐이라 말하는 사람들이 대부분이다. 이들은 파루에서 잠시 머물며 도시 성곽이나 해골 수도원을 기웃거린 후 주변의 다른 해안을 찾아 길을 나선다. 파루의 진정한 매력을 찾지 못한 탓이다. 파루의 매력은 수면 아래 숨어 있다.

파루에서부터 올랑Olhão, 푸제타Fuseta, 산타루치아Santa Luzia를 거쳐 타비라에 이르는 넓은 해안은 모두 시커먼 갯벌이다. 그 넓이가 170제곱킬로미터를 넘는다. 갯벌은 히아 포르모사 자연공원으로 지정되었다. 연안의 물들이 일제히 밀려나갈 때에야 본모습을 드러낸다. 물이 빠져나간 갯벌에 숨구멍이 트인다. 갯벌 곳곳에 자그마한 구멍이 뚫려 있다. 그 속에 다양한 생물이 살아간다. 구멍 밖으로 게들이 바삐 움직인다. 물이 덜 빠져나간 구멍에서 뽀글뽀글 기포가 올라온다. 새들이 내려앉아 부리로 개흙을 쑤시고, 사람들이 갯벌로 나가 호미로 조개를 캔다. 선사 시대부터 이어져 내려온 인류의 오랜 터전이다. 남획을 막기 위해 한 사람당 하루에 채취할 수 있는 조개의 양을 제한하고 있다고 한다. 이곳에서 채취되는 조개는 포르투갈 조개 생산량의 70퍼센트를 차지한다.

히아 포르모사 자연공원의 넓은 갯벌은 지형적 특이함으로 스스로를 지켜낸다. 갯벌을 둘러싼 다섯 개의 섬이 대양에서 밀려오는 파도를 막아주어 내해는 언제나 잔잔하다. 넓게 분포한 갯나물이 흙을 움켜쥐어 갯벌의 유실을 막는다.

파루

파루는 철새들의 중간 휴식처다. 남부 아프리카에서 출발해 북유럽으로 날아가는 새떼와 유럽에서 북아메리카로 건너가는 새떼가 파루에서 교차한다. 새들은 1년에 두 번 여정을 떠난다. 편대를 이루어 비행하는 새들은 무리인 동시에 단독자로서 날아간다. 수천 킬로미터의 긴 여정은 오로지 자신의 날갯짓만으로 감당해야 할 거리다. 공중에서는 도움을 줄 수도, 받을 수도 없다. 히말라야 산맥을 등정하는 산악인들은 높은 산허리에서 눈 속에 처박힌 새의 시체를 종종 발견한다고 한다. 비행 중 힘이 떨어진 새는 화살처럼 빙벽에 박혀 얼어 죽는다. 새들은 뒤처진 동료를 경멸하지도, 위로하지도 않는다. 날개를 퍼덕여 자신의 길을 나아갈 뿐이다.

유전자 속 깊이 각인된 이 회귀 이동은 아직도 베일에 싸여 있다. 조류학자들은 이 움직임 속에 과학을 들이대지 못했다. 다만 그 이유를 유전적이라 추측하고, 유전자에 박힌 특정한 땅에 대한 인상을 잊지 않고 필사적으로 날아가는 행위를 귀소본능이라 명명할 뿐이다. 발목에 위치 추적기를 달아 그 경로를 파악하고, 경비행기로 흔적을 더듬어 새의 울음소리를 통어해보려 하지만, 제 힘을 다해 날아오르는 지난한 비행 속으로 인간의 언어가 비집고 들어갈 틈은 없어 보인다.

다양한 철새와 텃새가 모인 파루에는 버드 워칭 투어가 열린다. 철마다 볼 수 있는 새가 다르다. 갯벌 사이로 배를 몰고 나가 새와 갯벌 생태계를 관찰한다. 밀물 때는 갯벌을 볼 수 없고, 썰물 때는 배를 몰 수 없어 밀물과 썰물 사이의 적당한 때를 노려 하루 두 번 출발한다. 갯벌이 속살을 드러내는 동시에 수로가 마르지 않아야 한다. 동행한 가이드

가 새들의 이름과 습성을 알려주고 갯벌 생태계에 대해 설명한다. 새를 발견하면 엔진을 끄고 슬며시 다가가 가까이서 살펴본다. 새들은 개흙을 헤집기도 하고, 날개를 퍼덕이기도 하며, 하늘을 향해 길게 울어 젖히기도 한다.

철새는 봄과 가을에 이동한다. 여름의 파루에는 새들이 많지 않았다. 다시금 날아오른 무리를 따라가지 않고 이곳에 머문 새가 있어 가이드의 눈길을 사로잡았다. 이런 새들은 여름 한 철을 파루의 연안에서 조개를 잡으며 시간을 보내다가 가을에 돌아오는 무리에 합류한다고 한다. 인간은 정주가 상(常)이고 떠남이 특(特)인 데 반해 철새는 떠남이 상이고 정주가 특이어서 파루에 남은 새들은 머물며 여행한다. 가이드는 관찰되는 새의 종류와 수를 매일매일 기록해 그 이동을 분석한다.

일본인 조는 인간이지만 새의 삶을 살고 있다. 일본에서 출발한 그는 동남아시아와 중국, 중앙아시아와 중동을 거쳐 아프리카를 종단하고, 영국을 거쳐 파루의 연안에 내려앉았다. 1년 반째 떠나는 삶을 살아간다. 가이드가 새의 삶에 대해 설명할 때 그는 따뜻한 햇볕 아래에서 고개를 끄덕이며 졸았다. 이미 새와 같은 삶을 살고 있는 조는 끝없이 떠나는 삶에 대한 설명을 들을 필요가 없어 보였다.

조를 처음 본 곳은 파루의 유스호스텔이었다. 덥수룩한 수염에 레게 머리를 한 조를 보며 어느 나라 사람일까 생각하고 있는데 스스럼없이 다가와 인사했다. 조는 일본인이었다. 놀란 눈치를 보이자 그는 모두가 자신을 일본인으로 보지 않는다며 웃었다. 검은 피부에 레게 머리, 날렵한 얼굴과 덥수룩한 수염 그리고 히피 느낌의 옷까지. 같은 일본인이지만 몬산투에서 만난 모토 유키 씨와는 정반대 모습이었다.

버드 워칭 투어 후 조와 나는 사막 섬에 내렸다. 사막 섬은 포르투갈 가장 남쪽에 위치한 섬이다. 길이가 8킬로미터고 너비가 2킬로미터인 이 길쭉한 섬은 전체가 사막이다. 언덕도 없는 모래섬에 몇 종 안 되는 선인장이 자란다. 생태계의 다양성을 잃은 섬은 대신 멋진 해변을 얻었다. 전체가 사막이기 때문에 물과 맞닿은 모든 곳이 모래 해변이다. 무인도에 20킬로미터의 긴 해변이 이어진다.

해변에는 이미 많은 관광객이 바다사자처럼 뒤엉켜 볕바라기를 하고 있었다. 따뜻한 햇볕이 온몸을 감쌌다. 신발을 벗어 손에 쥐고 해변을 따라 걸었다. 시원한 바닷물이 밀려와 발을 적셨다. 마땅히 짐 맡길 곳을 찾지 못한 우리는 바다를 눈앞에 두고도 들어가길 주저했다. 특히나 조는 환전을 위해 전 재산을 들고 나온 터라 더욱 불안해했다. 방법을 모색하던 우리는 사람이 없는 해변까지 걸어가기로 결정했다. 사막 섬에는 해변이 무한정이다. 걷고 또 걸어도 해변이 나왔다. 이윽고 아무도 없는 해안에 닿았다. 모래와 바다 그리고 햇볕만이 가득했다. 조와 나는 바다로 들어가 따로 또 같이 놀았다. 함께 파도를 타기도 하고, 각자 바다에 드러누워 하늘을 바라보기도 했다. 시원한 물이 온몸을 감쌌고, 뜨거운 햇볕이 온몸에 쏟아졌다. 모든 소리가 차단되고, 몸에 닿는 것이 없었다. 눈을 감아도 햇볕이 아른거렸다.

물때를 맞춰 파루로 돌아왔다. 조와 함께 저녁을 먹었다. 식당마

다 진열장에 신선한 해산물이 가득하다. 조는 앞으로 스페인을 거쳐 유럽을 횡단할 것이라 말했다. 여행의 마지막 식사를 하던 나는 그가 한없이 부러웠다. 도미를 한 점 집어 오물거리며 정말 부럽다고 말하자 조는 자신도 곧 일본으로 돌아가 다시 직장을 구해야 한다며 웃었다. 나는 조가 정장을 입거나 바삐 뛰어다니며 일하는 모습을 상상조차 할 수 없다. 조는 이 여행이 그의 마지막 자유라고 말했다. 그는 이 마지막 자유를 한껏 즐기는 듯했다.

얼마나 오랜 기간 여행을 했든, 얼마나 만족스러운 여행이었든 마지막이라는 단어는 언제나 아쉬움을 남긴다. 아쉬움과 후련함이 포개어진다. 내가 탄 비행기는 새벽에 날아올랐다. 일찍 깬 새들이 파루 상공을 선회하고 있었다. 파루는 콩알처럼 작아져 이내 곧 시야에서 완전히 사라졌다.

1) Fernando Pessoa, Richard Zenith 역, The Book of Disquiet, Penguin Classics, 2002년, 119쪽

2) 요시다 슈이치, 김난주 역, 7월 24일 거리, 재인, 2005년, 8쪽

3) Saramago, Jose, Journey to Portugal: In Pursuit of Portugal's History and Culture, Harvest books, 2002년, 313쪽

4) 라이너 마리아 릴케, 김재혁 역, 말테의 수기, 펭귄클래식코리아, 2010년, 22쪽

5) 김훈, 자전거여행, 생각의 나무, 2000년, 25~26쪽

6) 김연수, 세계의 끝 여자친구, 문학동네, 2009년, 작가의 말

7) Saramago, Jose, Journey to Portugal: In Pursuit of Portugal's History and Culture, Harvest books, 2002년, 275쪽

8) 김연수, 네가 누구든 얼마나 외롭든, 문학동네, 2007년

9) Saramago, Jose, Journey to Portugal: In Pursuit of Portugal's History and Culture, Harvest books, 2002년, 110~111쪽

10) 주제 사라마구, 정영목 역, 예수복음, 해냄출판사, 2010년, 24쪽

11) Saramago, Jose, Journey to Portugal: In Pursuit of Portugal's History and Culture, Harvest books, 2002년, 26쪽

다시, 포르투갈

초판 1쇄 2014년 7월 30일

지은이 김창열

발행인 양원석
편집장 고현진
책임편집 김초롱
디자인 마인드,마인드
교정교열 조진숙
해외저작권 황지현, 지소연
제작 문태일, 김수진
영업마케팅 김경만, 정재만, 곽희은, 임충진, 장현기, 김민수, 임우열,
송기현, 우지연, 정미진, 윤선미, 이선미, 최경민

펴낸 곳 (주)알에이치코리아
주소 서울시 금천구 가산동 디지털2로 53, 20층(가산동, 한라시그마밸리)
편집문의 02-6443-8893
구입문의 02-6443-8838
홈페이지 http://rhk.co.kr
등록 2004년 1월 15일 제 2-3726호

ISBN 978-89-255-5341-2 (13980)